中国地质调查"DD20160060"项目资助

特殊地质地貌区填图方法指南丛书

森林沼泽浅覆盖区 1：50000 填图方法指南

田世攀　王东明　苏艳民 等　著

科学出版社

北　京

内 容 简 介

森林沼泽浅覆盖区广泛分布于我国东北地区，涉及黑龙江省、内蒙古自治区、吉林省和辽宁省的大部分地区，特别是大兴安岭、小兴安岭、长白山地区的山区。在这类区域填图的主要目标是通过有效的地质、遥感、物探、化探、槽探和浅钻等技术手段揭示覆盖层下伏基岩的地质特征，为解决基础地质问题及地质找矿提供信息。本书分两部分：第一部分基于森林沼泽浅覆盖区特定的地理地质特征和填图目标任务，系统阐述了森林沼泽浅覆盖区地质填图的技术路线和主要技术方法，以及矿产调查工作的流程和手段；第二部分基于大兴安岭地区松岭区－新林区森林沼泽浅覆盖区地质填图实践，系统阐述了其具体填图目标成果、技术方法组合、工作部署和投入情况以及实践结论。

本书适合从事地质调查、矿产勘查、资源预测、生态环境调查、森林区工作的相关人员参考。

图书在版编目（CIP）数据

森林沼泽浅覆盖区1：50000填图方法指南 / 田世攀等著 . —北京：科学出版社，2021.11
（特殊地质地貌区填图方法指南丛书）
ISBN 978-7-03-069775-2

Ⅰ. ①森… Ⅱ. ①田… Ⅲ. ①森林—地质填图—中国—指南②沼泽—地质填图—中国—指南 Ⅳ. ① P623-62

中国版本图书馆 CIP 数据核字 (2021) 第 187738 号

责任编辑：王　运 / 责任校对：张小霞
责任印制：吴兆东 / 封面设计：图阅盛世

科学出版社 出版
北京东黄城根北街16号
邮政编码：100717
http://www.sciencep.com

北京中科印刷有限公司 印刷
科学出版社发行　各地新华书店经销

*

2021年11月第　一　版　开本：787×1092　1/16
2021年11月第一次印刷　印张：12 1/4
字数：290 000

定价：168.00元
（如有印装质量问题，我社负责调换）

《特殊地质地貌区填图方法指南丛书》
指导委员会

本书作者名单

田世攀	王东明	苏艳民	张　昱
郝立波	赵玉岩	潘　军	王义强
朱相禄	于　萍	张柏鸽	倪　锟
孙贵斌	张　男	齐　赫	赵　磊

丛　书　序

目前，我国已基本完成陆域可测地区 1：20 万、1：25 万区域地质调查、重要经济区和成矿带 1：50000 区域地质调查，形成了一套完整的地质填图技术标准规范，为推进区域地质调查工作做出了历史性贡献。近年来，地质调查工作由传统的供给驱动型转变为需求驱动型，地质找矿、灾害防治、环境保护、工程建设等专业领域对地质填图成果的服务能力提出了新的要求。但是，利用传统的填图方法或借助传统交通工具难以开展地质调查的特殊地质地貌区（森林草原、戈壁荒漠、湿地沼泽、黄土覆盖区、新构造 – 活动构造发育区、岩溶区、高山峡谷、海岸带等）是矿产资源富集、自然环境脆弱、科学问题交汇、经济活动活跃的地区，调查研究程度相对较低，不能完全满足经济社会发展和生态文明建设的迫切需求。因此，在我国经济新常态下，区域地质调查领域、方式和方法的转变，正成为地质行业一项迫在眉睫的任务；同时，提高地质填图成果多尺度、多层次和多目标的服务能力，也是现代地质调查工作支撑服务国家重大发展战略和自然资源中心工作的必然要求。

在中国地质调查局基础调查部指导下，经过一年多的研究论证和精心部署，"特殊地区地质填图工程"于 2014 年正式启动，由中国地质科学院地质力学研究所组织实施。该工程的目标是本着精准服务的新理念、新职责、新目标，聚焦国家重大需求，革新区调填图思路，拓展我国区域地质调查领域；按照需求导向、目标导向，针对不同类型特殊地质地貌区的基本特征和分布区域，围绕国家重要能源资源接替基地、丝绸之路经济带、东部 T 型经济带（沿海经济带和长江经济带）等重大战略，在不同类型的特殊地区进行 1：50000 地质填图试点，统筹部署地质调查工作，融合多学科、多手段，探索不同类型特殊地质地貌区填图技术方法，逐渐形成适合不同类型特殊地质地貌区的填图工作指南与规范，引领我国区域地质调查工作由基岩裸露区向特殊地质地貌区转移，创新地质填图成果表达方式，探讨形成面对多目标的服务成果。该工程一方面在工作内容和服务对象上进行深度调整，从解决国家重大资源环境科学问题出发，加强资源、环境、重要经济区等综合地质调查，注重人类活动与地球系统之间的相互作用和相互影响，积极拓展服务领域；另一方面，全方位地融合现代科技手段，探索地质调查新模式，创新成果表达内容和方式，提高服务的质量和效率。

工程所设各试点项目由中国地质调查局大区地质调查中心、研究所及高等院校承担，经过 4 年的艰苦努力，特殊地区地质填图工程下设项目如期完成预设目标任务。在项目执行过程中同时开展多项中外合作填图项目，充分借鉴国外经验，探索出一套符合我国地质背景的特殊地区填图方法，促进填图质量稳步提升。《特殊地质地貌区填图方法指南丛书》是经全国相关领域著名专家和编辑委员会反复讨论和修改，在各试点项目调查和研究成果的基础上编写而成。丛书分 10 册，内容包括戈壁荒漠覆盖区、长三角平原区、高山峡谷区、森林沼泽浅覆盖区、京津冀山前冲洪积平原区、南方强风化层覆盖区、岩溶区、黄土覆盖区、活动构造发育区等不同类型特殊地质地貌区 1：50000 填图方法指南及特殊地质地貌区填图技术方法指南。每个分册主要阐述了在这种地质地貌区开展 1：50000 地质填图的目标任务、工作流程、技术路线、技术方法及填图实践成果等，旨在形成一套特殊地质地貌区区域地质调查技术标准规范和填图技术方法体系。

这套丛书是在中国地质调查局基础调查部领导下，由中国地质科学院地质力学研究所组织实施，中国地质调查局有关直属单位、高等院校、地方地质调查机构的地调、科研与教学人员花费几年艰苦努力、探索总结完成的，对今后一段时间我国基础地质调查工作具有重要的指导意义和参考价值。在此，我向所有为这套丛书付出心血的人员表示衷心的祝贺！

李廷栋

2018 年 6 月 20 日

前　言

21世纪以来，地质调查工作由传统的供给驱动型转变为需求驱动型，地质找矿、灾害防治、环境保护、工程建设等专业领域对地质填图工作提出了新的要求。目前，我国已基本完成陆域可测地区1∶200000、1∶250000区域地质调查，重要经济区和成矿带1∶50000区域地质调查，形成了一套完整的地质填图技术标准规范，为推进区域地质调查工作做出了历史性贡献。近年来，我国积极借鉴美国、加拿大、澳大利亚等发达国家的成功经验，开展多尺度、多层次和多目标的地质填图示范，探索适合我国不同地质地貌区特征的区域地质调查新方法。随着国家经济的发展，地质灾害评价、生态环境调查保护、关键地质问题解决及矿产资源开发等重大需求增加，1∶50000区域地质填图工作必须拓展到高山-峡谷、森林-草原、戈壁-荒漠、湖泊-沼泽等利用传统的填图方法难以开展地质调查的特殊地质地貌区。

本指南是中国地质调查局"特殊地区地质填图工程"所属"特殊地质地貌区填图试点（DD20160060）"的项目成果之一。工程与项目均由中国地质科学院地质力学研究所组织实施。工程首席为胡健民研究员，副首席为李振宏副研究员；项目负责人为胡健民研究员，副负责人为陈虹副研究员。项目于2014年正式启动，目标任务是针对不同类型特殊地质地貌区开展填图试点，创新现代填图理论及方法，探索适合于各类特殊地质地貌区地质特征和现代探测技术的填图方法。

本指南通过大兴安岭北段松岭区-新林区一带森林沼泽浅覆盖区1∶50000区域地质填图实践，总结遥感解译、地球物理和地球化学数据反演、X射线荧光分析及以钻代槽等在填图过程中应用的有效性，探索有效的填图技术方法组合。实践表明，地质验证与物化遥等多元数据反演相互辅助的技术方法体系在表达地质体属性、提高地质填图精度方面具有很好的适用性。本指南采用有效的技术方法组合填绘的地质图满足1∶50000填图精度，基本解决了以往森林沼泽浅覆盖区由于基岩出露差所导致的地质素材获取困难及填图精度差等问题，可为后续类似地质地貌区区域填图提供方法借鉴。

本书分为两部分：第一部分为森林沼泽浅覆盖区1∶50000填图技术方法；第二部分为大兴安岭松岭区-新林区森林沼泽浅覆盖区填图实践。其中，第一章至第五章由田世攀、王东明、张昱、苏艳民、倪锟、张柏鸽编写；第六章由王东明、张柏鸽、齐赫、孙贵斌编写；第七章由王东明、苏艳民、于萍编写；第八章、第九章由朱相禄、赵磊、于萍编写；第十章由田世攀、王东明、郝立波、赵玉岩、潘军、王义强、张男编写；第十一章由王东明、朱相禄、于萍、张男编写；第十二章由田世攀编写；全书最后由田世攀、王东明定稿。

本指南是在中国地质科学院地质力学研究所组织实施的二级项目"特殊地质地貌区填图试点"统一部署下，基于黑龙江省区域地质调查所承担的"黑龙江 1：50000 望峰公社（M51E005017）、太阳沟（M51E005018）、壮志公社（M51E006017）、二零一工队（M51E006018）幅浅覆盖区填图试点项目"子项目填图实践成果，结合大兴安岭松岭区－新林区一带森林沼泽浅覆盖区填图实践并参考其他相关覆盖区地质填图成果编写的。项目组相关工作人员克服了时间紧任务重的多重困难，积极调研国内外有关浅覆盖区地质调查研究现状，收集森林沼泽浅覆盖区地质素材，优化填图技术与方法，最后形成本指南。

自试点项目开始至本指南编写完成过程中我们得到中国地质调查局、中国地质科学院地质力学研究所、中国地质调查局沈阳地质调查中心、黑龙江省地质矿产局地勘科技处等各级领导和专家的大力支持和帮助；中国地质科学院地质力学研究所胡健民研究员、中国地质调查局沈阳地质调查中心刘世伟教授级高级工程师、张立东教授级高级工程师、中国地质调查局西安地质调查中心李荣社教授级高级工程师、李建星教授级高级工程师，全程指导项目实施，并为本指南的编写提出了许多宝贵的意见和建议。本书的出版工作受到黑龙江省地质科学研究所（由原黑龙江省地质科学研究所与黑龙江省区域地质调查所 2018 年合并组成）领导班子成员及顾问专家的重视，他们为本指南的编写提出了许多宝贵的意见和建议。在此，对给予本指南工作指导和帮助的有关单位、领导、专家和参与项目的全体工作人员表示衷心的感谢！

需要说明的是，东北森林沼泽地区覆盖不同的构造单元，地貌与气候略有不同，项目的工作区范围较为局限，选取的填图技术方法和手段还在不断实践和改进中，且由于项目位于大兴安岭生态保护区，部分技术方法实施和验证受到实际情况的诸多限制，加之编写时间仓促和水平有限，指南中难免存在不足之处，敬请读者批评指正。

在具体的工作中，森林沼泽地区的填图工作方式还需因地制宜，及时根据新的技术规程开展工作，也希望通过进一步实践能够对指南做出修正和完善。

作　者

2021 年 4 月 15 日

目　　录

第一部分　森林沼泽浅覆盖区 1∶50000 填图技术方法

第一章 绪 论

森林沼泽浅覆盖区广泛发育于我国东北地区，涉及黑龙江、内蒙古东部、吉林和辽宁境内的中低山丘陵地区，地表主要由坡积、冲积、洪积及融冻风化物等未固结成岩的沉积物和植被覆盖，覆盖层厚度一般小于 100m，具有典型森林沼泽景观特征。森林沼泽浅覆盖区包括大兴安岭、小兴安岭 – 张广才岭构造岩浆岩带、额尔古纳地块、佳木斯 – 兴凯地块、辽东 – 吉林陆块和松辽盆地等重要构造单元，复杂地质构造演化和频繁岩浆作用为成矿提供了有利条件，发现矿床、矿点、矿化点近千处，是我国重要的铜、钼、金、铅、锌、铁等矿产资源勘查开发基地。此外森林沼泽浅覆盖区内分布近 50 处自然保护区、地质公园、地质遗迹等，是重要的生态环境保护区。

20 世纪 80 年代至今，针对森林沼泽浅覆盖区已开展了较系统的地质工作，中小比例尺区域地质调查及重要成矿带部分地区中大比例尺填图工作基本完成，近年来东北地区各省陆续完成的地质志修编工作在梳理、深化区域地层格架、岩浆演化、构造单元划分及矿产资源开发等成果的同时，也指出了基础地质研究、矿产勘查及生态环境开发利用中存在的重大问题。而且近十年来，生态环境保护与地质找矿的矛盾日趋凸显，绿色勘查的理念深入人心，以往重要的山地工程调查手段（槽探和钻探等）难以开展，矿产勘查工作难以取得突破。上述一系列问题对森林沼泽浅覆盖区地质填图工作提出了新的要求，以往利用残坡积转石及零散的天然或人工露头（采场及路堑等）来填绘地质图，野外地质信息获取困难且准确性较差，难以满足重大基础地质问题解决、矿产勘查以及生态环境保护利用等多方面的需求，所以探索和改进森林沼泽浅覆盖区填图技术方法已迫在眉睫，具有重大的科学和实践意义。

第一节 森林沼泽浅覆盖区基本地质地貌特征

森林沼泽浅覆盖区广泛分布于我国东北大兴安岭、小兴安岭、长白山等中低山及丘陵地区。蕴藏丰富的贵金属、黑色金属、有色金属、煤炭、油气等矿产资源。但由于资源过度开采、生态环境保护意识淡薄等原因，森林沼泽浅覆盖区矿产及林业资源面临枯竭，同时也极大地破坏了森林生态功能及生物多样性。在全球范围内，我国东北冻土区是受气候变暖和人为活动影响最显著的地区之一。以城镇化、重大工程建设为代表的人类活动已对该区冻土和环境产生深刻影响，导致了多年冻土的快速、显著和大规模退化。

一、气候特征

东北地区森林沼泽浅覆盖区位于北半球的中高纬度，是我国纬度最高的地区，是世界著名的温带季风气候区，也是典型的气候脆弱区和受气候变暖影响最为敏感的地区之一（姜晓艳等，2009）。自南向北跨越了中温带和寒温带，气候类型为温带季风气候以及大兴安岭以西的温带大陆性气候，冬季受大陆气团影响，寒冷干燥，盛行西北风，夏季受海洋气团影响，暖热多雨。自东南而西北，年降水量自 1000mm 降至 300mm 以下，从湿润区、半湿润区过渡到半干旱区，其中夏季降雨量占了全年降雨量的绝大部分。近年来对东北地区气候变化已开展了较多研究，结果表明东北地区近百年来温度呈明显上升趋势，而年降水量逐步减少（孙凤华等，2006），并且已有学者对由气候变化导致的且影响农业生产安全的夏季旱涝灾害、低温冷害等，以及夏季降水量和气温变化的时空分布和变化规律进行了研究（孙力等，2002；吴正方等，2003；谢安等，2003；陈莉等，2010；赵秀兰，2010），认为气候变暖已对粮食安全、水安全、生态安全、能源安全以及生命财产安全等产生重要影响（龚德平和龚文柳，2020；敖雪等，2021）。

二、植被特征

森林沼泽浅覆盖区植被多属于长白区北部 – 温带北部针阔叶混交林亚地带。奇特多样的自然生态环境孕育了种类繁多、分布广泛、蓄积量巨大的林业资源。典型植被多为台原偃松（*Pinus pumila*）– 兴安落叶松林（*Larix gmelini*），山地、坡地代表植物以杜鹃 – 落叶松林居多。台原偃松（*Pinus pumila*）– 兴安落叶松林（*Larix gmelini*）分布在阳坡或平岗地、季节融层薄的土壤上，可见山杨（*Populus davidiana*）[图 1-1（j）]、黑桦（*Betula dahurica*）[图 1-1（k）]、蒙古栎（*Quercus mongolica*）[图 1-1（l）] 等以及少量的榆树（*Ulmus pumila*）、黄檗（*Phellodendron amurense*）等乔木树种。阴坡湿地冻土上多为矶踯躅 – 落叶松林，还有樟子松（*Pinus sylvestris* var. *mongolica*）、白桦（*Betula platyphylla*）[图 1-1（a）]。沿河两岸有朝鲜柳（*Salix koreensis*）[图 1-1（b）] 和甜杨（*Populus suaveolens*）[图 1-1（c）] 以及东北桤木（*Alnus mandshurica*）[图 1-1（d）]。灌木包括兴安杜鹃（*Rhododendron dauricum*）[图 1-1（e）]、柴桦（*Betula fruticosa*）、越橘（*Vaccinium vitis-idaea*）[图 1-1（f）]、胡枝子（*Lespedeza bicolor*）和榛（*Corylus heterophylla*），少量赤杨、绢毛绣线菊（*Spiraea sericea*）、刺蔷薇（*Rosa acicularis*）等。草本植物包括岩高兰（*Empetrum nigrum*）[图 1-1（g）]、鹿蹄草（*Pyrola calliantha*）[图 1-1（h）]、野青茅（*Deyeuxia pyramidalis*）、禾草 [图 1-1（i）] 等。兴安落叶松适应能力很强，一般天然更新良好，从河谷、山麓、山坡到山顶均有分布。谷地内多发育沼泽，地表积水不易流动，地下是较厚的多年冻土，沼泽土及泥炭相当发育。

图 1-1　森林沼泽浅覆盖区植被照片

（a）白桦 - 落叶松混交林下为灌木、草坡；（b）生于河边的朝鲜柳；（c）生于排水良好的砂砾碎石土上的甜杨；（d）东北桤木为桦木科桤木属，落叶乔木；（e）兴安杜鹃（常绿灌木）；（f）越橘（俗称雅格达）；（g）岩高兰（常绿小灌木）；（h）鹿蹄草（常绿草本状小半灌木）；（i）禾草（生于河边和沼泽的草本）；（j）山杨（杨柳科杨属，落叶乔木）；（k）黑桦（桦木科桦木属乔木）；（l）蒙古栎（柞木属常绿大灌木或小乔木）

三、地貌特征

东北地区森林沼泽浅覆盖区涉及黑龙江、内蒙古东部、吉林、辽宁等 4 个省区，面积约 $137 \times 10^4 km^2$。东北地区地貌成因及类型复杂，地区差异性很大。如北部以融冻作用为主，而西部地区则常年处于干燥剥蚀过程中，东部和南部则以流水侵蚀作用为主。而且即使在面积较小的地域内，也包括不同的地貌类型。

东北地区地势具有四周高、中间低的特征，以松辽平原为中心，周边被丘陵和山岭围绕，西北和东北部分别为大兴安岭和小兴安岭，东南部是东部山地及其山前丘陵台地，松辽平原呈向南开口的马蹄形，辽河平原延伸进入渤海。东北角是广阔低洼的三江平原，完达山南侧为兴凯湖平原。大兴安岭西部紧邻内蒙古高原，南部与辽西丘陵及山地相接（裴善文，2008）。对东北地区的地貌研究起始于 20 世纪 50 年代，众多学者提出了多种地貌划分方案，如 1956 年周廷儒、施雅风、陈述彭把东北地貌划分为东满中等山地、东北平原、兴安中等山地及内蒙古高原等地貌单元；1958 年郭鸿俊和谢宇平依据地貌形态及成因、年代等将东北地貌划分为大兴安岭断块中山区、小兴安岭断块中山区，兴安中间隆起断块洪积中山区、张广才岭断块中山区、辽东褶皱断块中山区、冀辽褶皱断块中山区、内蒙古高原、东北堆积低平原等 8 个地貌区。1959 年中国科学院地理研究所发表的《中国地貌区划》将东北划分为东部低地、东北东部山地与低山丘陵、兴安山地与台原及内蒙古高原平原 4 个地貌单元；1964 年中国科学院东北地理与农业生态研究所综合有关地质地貌的资料及各种比例尺的图件，编制了东北地区地貌划分图并编写了说明书，并将东北地貌区划分为三江平原、兴凯湖平原、东部山地、辽东侵蚀低山丘陵、小兴安岭山地松辽平原、大兴安岭山地、冀北－辽西山地及高原、昭盟玄武岩高原 8 个一级地貌单元，并依据作用营力及地貌类型进一步划分二级、三级地貌单元。

东北地区地貌格局受构造、气候、水文、土壤及植被等多种地质营力控制，其中构造运动是控制地貌形成的主要内营力，东北地区地貌的基本轮廓形成于燕山期，表现为西部大兴安岭和东部山地隆起，松辽平原与三江平原沉降，强烈的岩浆侵入及火山喷发造就了东北地区高大的山岭，新生代初期东北地区经历了强烈的剥蚀作用，燕山期形成的山间盆地沉积巨厚的古近纪—新近纪陆相沉积，并伴随火山活动，第四纪期间发生差异性升降和断裂及火山活动，表现为夷平面、阶梯状地形及河谷阶地等。气候、水文的因素对地貌的形成和演化也有重要影响，据前人研究成果，受气候因素影响，东北地区地貌具有明显的南北和东西向差异（裴善文，2008），形成纬度及经度的地貌分带性。如大兴安岭北部积温为 1500℃，而辽东南部为 4000℃，南部的辽宁省属暖温带，风化壳较厚，剥蚀和堆积作用强烈，并局部发育红土，兴安山地北部属寒温带，分布多年冻土，以融冻作用为主，并发育冰缘地貌。此外距离海洋远近所导致的降水量差异对塑造地貌的外营力起主要控制作用，如东部山地和三江平原年降水量超过 1000mm，属湿润地区，流水作用为主要外营力，内蒙古东部属半干旱地区，年降水量 200～400mm，风力作用为主要外营力，而且气候影响水文特征，在不同的气候条件下，河流以不同的形式对地貌形态进行改造。此外地表植被覆盖程度对地表径流、坡面发育以及水土流失等都有影响，如大兴安岭和东部山区，森林、植被茂密，地表径流作用较弱，水土流失轻微，而辽西山地和兴安山前台地等地，地表植被遭到严重破坏，冲刷作用强烈，沟谷发育，从而造成严重的水土流失。西部干旱地区植被覆盖程度不同，发育沙丘、沙垄等地貌类型。

四、矿产资源

森林沼泽浅覆盖区矿产资源丰富，且勘探程度低，具有巨大的找矿潜力。区内主要有大兴安岭成矿带和辽东吉南成矿带等多个重要成矿带，是我国有色金属、黑色金属和非金属资源基地，已探明铜、钼、金、铁矿、石墨、稀土等一系列大型矿床，同时也是全国重要的能源基地。

截至 2018 年底，黑龙江省共发现各类矿产 135 种（含亚矿种、下同），其中具有查明资源储量的矿产有 84 种，占全国当年 230 种具有查明资源储量矿产的 36.52%。具有查明资源储量的 84 种矿产分为四大类，其中能源矿产 6 种，金属矿产 28 种（黑色金属矿产 3 种，有色金属矿产 11 种，贵金属矿产 6 种，稀有、稀土、分散元素矿产 8 种），非金属矿产 48 种（冶金辅助原料非金属矿产 7 种，化工原料非金属矿产 6 种，建材及其他非金属矿产 35 种），水气矿产 2 种。尚未查明资源储量的矿产有 51 种。2018 年，全省开发利用矿种 62 个，年产矿量 14948.17×10^4t，其中煤炭产量 5213.77×10^4t，金属矿石产量 2773.09×10^4t，非金属矿石产量 6894.39×10^4t，矿泉水产量 66.92×10^4t（数据来自黑龙江省自然资源厅）。

内蒙古自治区是我国发现新矿物最多的地区。自 1958 年以来，中国获得国际上承认的新矿物有 50 余种，其中 10 种发现于内蒙古，包括钡铁钛石、包头矿、黄河矿、索伦石、汞铅矿、兴安石、大青山矿、锡林郭勒矿、二连石、白云鄂博矿。包头白云鄂博矿山是世界上最大的稀土矿山。截至 2019 年底，保有资源储量居全国之首的有 22 种，居全国前三位的有 49 种，居全国前十位的有 101 种。稀土查明资源储量居世界首位；全区煤炭勘查累计估算资源总量 9554.54×10^8t，其中查明的资源储量为 4801.03×10^8t，预测的资源量为 4753.51×10^8t。全区煤炭保有资源量为 4660.05×10^8t，占全国总量的 27.12%，居全国第一位；全区金矿保有资源储量 Au 886.50t，Ag 98709.22t；铜、铅、锌三种有色金属保有金属资源储量 6521.89×10^4t（数据来自内蒙古自治区自然资源厅）。

吉林省已发现矿产 150 种，已查明资源储量的矿产 117 种。矿泉水、油页岩、硅藻土等矿产在全国占有重要地位，大部分能源、金属矿产都有查明资源储量，在全国也具有一定位置，但从总量上看是一个矿产资源小省，对经济发展起重要作用的煤、铁、铜等矿产资源储量相对不足；一些非金属、水气矿产资源储量丰富，位居全国前列。能源矿产中，石油、天然气剩余技术可采储量分别为 1.7×10^8t、$731 \times 10^8 \text{m}^3$，分别位居全国第 7 位和第 8 位。油页岩保有资源储量 1085×10^8t，位居全国第 1 位；金属矿产中，镍资源储量 18×10^4t，位居全国 12 位，钼资源储量 268×10^4t，位居全国第 5 位，金资源储量 283t，位居全国 16 位；非金属矿产有 61 种，大多数品级较好、适宜深细加工、附加值高，如公主岭膨润土、磐石硅灰石、蛟河饰面花岗岩、长白临江硅藻土、集安橄榄玉、晶质石墨、通化和白山松花石、敦化橄榄石等矿产，品质享誉中外；水气矿产中，矿泉水资源可开采量达 $48.86 \times 10^4 \text{m}^3/\text{d}$，位居全国前列（数据来自吉林省自然资源厅）。

辽宁省是矿产资源大省之一，也是开发利用矿产资源程度较高的省份。截止到 2015 年底，共发现矿产资源 120 种，有查明资源储量的 117 种，其中菱镁矿、铁矿、硼矿、熔剂用灰岩和金刚石的保有资源储量居全国首位，滑石和油页岩居全国第二位，玉石、煤层气、硅灰石和制灰用灰岩居全国第三位。辽宁省内的菱镁矿是我国在世界上具有优势的矿产，菱镁矿质地优良、埋藏浅，规划期保有资源储量矿石量 $25.6 \times 10^8 t$，分别占全国的 85.6% 和世界的 25% 左右（数据来自辽宁省自然资源厅）。

五、环境状况

新中国成立以来，大规模的工业开发及污染治理滞后，使得东北地区生态环境严重恶化，这种以资源消耗、环境损害为代价的粗放型经济增长模式在很大程度上阻碍了东北地区经济的健康发展，甚至有学者认为东北地区生态已进入不可恢复的状态。总体看来，东北地区主要的生态问题包括以下四个方面。

1. 森林资源面临枯竭

东北地区是我国重要的木材生产基地。20 世纪初期日俄殖民者对东北的森林资源进行了掠夺式开采，新中国成立初期至 20 世纪 80 年代，长期的"重采轻育"和"重取轻予"，外加乱砍滥伐，使东北地区森林资源量锐减，甚至面临资源枯竭，大部分天然林变为次生林，使得森林生态功能严重退化，从而导致气候、环境及自然地理条件等方面的改变，同时，森林面积减少破坏了原有的生物多样性及生态平衡。

2. 东北平原西部荒漠化

20 世纪 80 年代，在草原景观区开展的农业开发，破坏地表植被，从而加剧了东北平原的水土流失，此外对原生草场资源的不合理利用也是引发荒漠化的重要原因，包括过度放牧所导致的牲畜过度啃食、踩踏导致土壤板结等（孙广兴，2019）。东北平原西部的荒漠化主要表现为土地沙漠化和盐碱化，虽然自 20 世纪 90 年代开始沙漠化开始出现逆转趋势，但沙漠化发展仍然大于逆转，故对荒漠化的防治工作依然形势紧迫。

3. 黑土区水土流失、质量退化

东北地区的黑土主要分布于松嫩平原中部，面积约 $1100 \times 10^4 hm^2$，占东北地区土地总面积的 8.9%，其中，黑土耕地约 $815 \times 10^4 hm^2$，占全区耕地面积的 32.5%。近年来随着水土流失加剧，黑土层明显变薄且肥力下降，有机质含量由开垦初期的 70～100kg/hm² 下降至 20～50kg/hm²（刘文新等，2007），刘巍和吕亚泉（2006）的统计结果表明东北地区黑土每年流失 $1.2 \times 10^8 t$，N、P、K 元素折合成标准化肥达 $400 \times 10^4 ～ 500 \times 10^4 t$，而且黑土中有机质含量、孔隙度、田间持水量及水文性团粒均大幅下降，外加近年来滥用农药、化肥等现象层出不穷，在盲目追求粮食产量提高的同时，严重破坏了黑土区的生态环境，使得东北地区黑土范围减少，质量下降。

4. 湿地萎缩退化，生态功能衰退

湿地是在多水的环境下由负地形或岸边带及其所承载的水体、土壤与生物相互作用所

形成的统一整体（吕宪国和黄锡畴，1998），湿地是地球表层生态系统的重要组成部分，与海洋、森林并称为三大生态系统，湿地内具有丰富的生物多样性，是许多珍稀鸟类的栖息地。东北地区是我国内陆沼泽湿地分布面积最大的区域，沼泽湿地占全国湿地面积的48.3%（刘兴土，2005）。近年来研究表明，自20世纪50年代至今，东北地区沼泽湿地面积不断萎缩（刘吉平等，2017；罗宏宇等，2003；岳书平等，2008），以大兴安岭地区退化面积最大（王延吉等，2020）。目前几乎所有的研究均证实湿地退化的主要原因包括两个：其一是人类大规模开垦活动及部分水利工程建设，例如近几十年三江平原内大面积沼泽湿地被开垦为农田（王延吉等，2020）；其二为气候因素，包括气温升高及降雨量减少，导致地表水供给减少，从而导致湿地萎缩退化（罗宏宇等，2003；岳书平等，2008）。

六、重要城市经济带

东北地区森林沼泽浅覆盖区内分布着我国面积最大的区域经济板块——"大东北"，自国家十二五规划纲要提出，全面振兴东北地区等老工业基地、重点推进辽宁沿海经济带、沈阳经济区、长吉图经济区、哈大齐和牡绥地区等区域发展。而且2005年在丹东发起的东北东部经济带建设被纳入东三省各自的发展规划，于2017年向国家发改委提交了东北东部经济带建设规划。带内包含辽宁、吉林、黑龙江东北三省14个州市（大连、丹东、本溪、延边、通化、白山、吉林、牡丹江、鸡西、双鸭山、七台河、佳木斯、鹤岗、伊春）在内的经济发展区域。在空间布局、产业发展、基建、绿色发展战略、东北亚国际合作核心区建设上进行分工。着重开展在基础设施建设、大物流、旅游和生态等方面的合作，共同搭建区域合作与对外开放平台。同时，东北地区有世界级的黑土地，对于国家粮食安全有重要意义。森林沼泽浅覆盖区与平原区的城市经济带、农业带、工业带互为统一，在物质循环、气候影响方面存在相互影响。

综上，保护大兴安岭林区的自然生态，尝试性地开展生态地质调查，是地质调查工作的大势所趋。地质调查工作者应以尽量不破坏或少破坏当地林业生态环境为己任，以尽量争取当地林业部门的支持与合作为工作前提。如何科学地保护和合理利用森林沼泽浅覆盖区内的自然资源，必须以科学地掌握森林沼泽浅覆盖区自然客观规律为前提。

第二节 森林沼泽浅覆盖区地质调查方法进展

我国覆盖区的面积占全国陆地面积的1/3以上，其中相当一部分地区为覆盖层厚度不超过100m的浅覆盖区（第四系覆盖层厚度小于100m，覆盖层面积占图幅面积的50%或50%以上地区）。浅覆盖区地质填图工作中，常规填图方法由于基岩露头少而受到很大限制，隐伏的岩体、地层、构造、矿产（化）以及地表地质现象在深部发生的变化情况等信息无法直接观察研究，利用转石或局部零散露头填制的地质图具有可信度低、信息量少和整体质量不高的特点。因此，必须借助有效的勘查方法技术来提高浅覆盖区地质填图的效率、质量和地质研究水平。

一、国内地质调查程度及勘查方法进展

截至 2017 年 12 月，全国开展了大量的中比例尺区域地质调查（区调）、区域化探、区域重力、航磁调查工作，其中 1：5 万区域地质调查完成面积 $400.76 \times 10^4 km^2$，占我国陆域国土面积的 41.7%，成矿区带内 $264.63 \times 10^4 km^2$，经济区内 $90.67 \times 10^4 km^2$，全国 1：5 万矿产地质调查完成面积为 $323.39 \times 10^4 km^2$。根据以往统计，至 1990 年，1：20 万区域地质调查已完成面积为 $691 \times 10^4 km^2$，占我国陆域国土面积的 72%。1：25 万区域地质调查从 1996 年进行试点开始，到 2005 年，共完成 246 个图幅，约 $360 \times 10^4 km^2$，占我国陆域国土面积的 37.5%。1：20 万区域化探完成 $537 \times 10^4 km^2$，占我国陆域国土面积的 55.9%。1：50万区域化探完成 $121.2 \times 10^4 km^2$。1：20 万区域重力调查共完成 $438 \times 10^4 km^2$，占我国陆域国土面积的 45.6%（含油气远景区重力调查约 $100 \times 10^4 km^2$）。1：20 万～1：5 万比例尺航空磁测调查总面积约 $700 \times 10^4 km^2$，占我国陆域国土面积的 73%，其中 1：5 万完成面积约 $300 \times 10^4 km^2$。航天卫星遥感数据覆盖全国，但几乎没有针对浅覆盖区进行专题工作。

在这样丰富的资料前提下，浅覆盖地区地质填图或基础地质研究应充分发挥"物（物探）、化（化探）、遥（遥感）、钻（钻探）"勘查成果资料的重要支撑作用，提高地质填图研究水平，这既是提升地质填图成果质量的一个重要方向，也是勘查方法技术拓宽应用领域的重要方向。

早在"六五"期间，我国就开始有目的、有计划地围绕 1：5 万地质填图和矿产调查开展遥感、物探、化探方法技术的综合应用试验工作。

"七五"期间，地质矿产部系统地部署了将勘查方法技术应用于地质填图的试验研究工作。设立了科技攻关项目"1：5 万区调中遥感、物化探应用和地质填图方法研究"，取得了良好的地质填图和找矿的实际效果，并且系统地提出了四种岩类地区地质填图和矿产调查的综合方法工作模式。

"八五"以来，中国地质调查局自然资源航空物探遥感中心以及核工业航测遥感中心已先后数次在内蒙古东北部半荒漠草原及森林沼泽浅覆盖区，应用遥感技术进行矿产调查与 1：20 万和 1：25 万遥感地质解译编图工作。通过以往不同目标的遥感调查工作，积累了在覆盖区进行合成影像图制作、图像解译及抑制植被干扰和提取岩石、构造和矿化蚀变信息等的工作经验。如针对大兴安岭半荒漠草原及植被高覆盖区的特点，通过图像时相选择、波段组合、比值、色度变换等图像处理方法的试验研究，初步总结出了一套抑制植被信息、突出和增强微弱地质信息的图像处理技术与解译方法。

"九五"期间，中国地质调查局组织有关单位，配合 1：25 万地质填图相继开展了连云港市幅、北京市幅和阿龙山镇幅等多个地区的勘查方法技术应用试验。

1999～2002 年，吉林大学地球探测科学与技术学院配合大兴安岭地区 1:25 万阿龙山镇幅地质填图完成了"综合方法技术在浅覆盖区区域地质调查中的应用研究"项目。

2000～2001 年，中国地质科学院地球物理地球化学勘查研究所配合 1:25 万连云港幅区调，完成了"1:25 万区域地质调查中物探方法技术的应用研究"项目。

2000～2002 年，核工业航测遥感中心完成了"航空物探、遥感在 1:25 万北京市幅地质填图中的应用试验"项目，编制出 1:25 万北京市幅物、化、遥系列图件，针对基础地质问题编制出地质构造推断图、第四系岩性地貌推断图、前新生代基岩地质构造推断图、基底岩相构造推断图、地质构造立体透视图等，并进行了矿产资源和水工环生态评价，编写了以物探为主的综合方法在覆盖广布区 1:25 万地质填图中的应用技术方案，获得了丰硕成果。

1996 年以前，浅覆盖区各种比例尺的区域地质填图工作没有专门的总则和规范，黑龙江省大兴安岭地区的区调工作主要参照以下两个规范或总则：① 1975 年由国家计划委员会地质局制定的《区域地质调查工作暂行规范（1:200000）》；② 1991 年由中华人民共和国地质矿产部发布的《区域地质调查总则（1:50000）》（DZ/T 0001—1991）。使用、参考的图例有：① 1979 年黑龙江省地质矿产局第一区域地质调查大队编制的《1:20 万区域地质测量图例》；②中华人民共和国国家技术监督局 1989 年发布的《1:50000 区域地质图图例》（GB 958—1989）。1996 年 3 月，中华人民共和国地质矿产部发布的《浅覆盖区区域地质调查细则（1:50000）》（DZ/T 0158—1995）正式实施，从而使浅覆盖区 1:5 万区域地质调查工作逐步规范化。

从地质理论、技术方法角度看，20 世纪七八十年代的 1:20 万区调工作应用前一种规范，采用传统的基础地质理论，从大地构造方面主要应用传统的槽台学说、地质力学理论以及多旋回的理论方法。80 年代中晚期开始，1:5 万区调工作中的一些新理论、技术方法逐渐应用，板块构造理论逐步取代了传统的大地构造理论，这一阶段属过渡阶段。90 年代开始，1:5 万区调工作理论起点比较高，紧紧抓住当代地质学前沿领域的一些理论和技术方法，如 1:5 万填图指南，原地矿部组织出版《火山岩地区区域地质调查方法指南》《花岗岩类区 1:5 万区域地质填图方法指南》《变质岩类区 1:5 万区域地质填图方法指南》《沉积岩区 1:5 万区域地质填图方法指南》等。这些新理论、新方法的应用大大地提高了浅覆盖区 1:5 万区域地质填图的质量，工作不断深入。同时，部分后期进行的 1:25 万区调试点工作和浅覆盖区 1:25 万填图方法研究工作提供了素材和经验，由此总结了适合浅覆盖区区调填图的一些工作方法。但是，浅覆盖区的区调工作在基本的调查方法和手段上没有太大变化，主要方法为路线地质调查和剖面测制，主要辅助方法是航卫片解译、物探成果的解释和应用、γ 射线放射性测量及化验分析等。

多年来，国外围绕地质填图目标任务在勘查技术地质应用方面已开展了许多研究工作，并取得了不少有益的经验。这些勘查方法技术的应用，已从初期相对独立的工作形式，发展成为与地质填图紧密结合的整套工作方法和流程；从初期作为扩大地质填图的视野，增添相关信息，提高工作效率的手段，发展成为进行多学科信息综合研究，提高地质认识水平的必要填图方法；从主要为传统地质填图提供地质找矿信息，发展成为在区域地质填图、生态地质填图、海域地质填图中获取多目标信息不可或缺的重要途径。

综上所述，在森林沼泽浅覆盖区开展 1 ： 5 万地质填图工作需要针对工作区森林沼泽浅覆盖区特点，根据新形势下地质科学的工作要求，选择有效的遥感、物探、化探和浅钻等专业技术及组合手段。科学利用以往和现有数据，充分利用大量的物探、化探、遥感、钻探等技术手段反映的地质体综合信息指导填图工作，提高地质填图研究水平和信息承载量，创新工作的技术方法手段和组合，对科学开展森林沼泽浅覆盖区的地质填图具有重大实践意义。

二、国外地质填图综合方法进展

20 世纪 90 年代以来，加拿大、澳大利亚、美国等西方发达国家的填图计划，都把物、化、遥方法技术的综合运用作为提高地质研究程度的主要途径。在俄罗斯的区调工作中，物、化、遥、钻探工作费用所占的比例，已达到 44%。

在遥感技术应用方面，美国、加拿大和澳大利亚等发达国家在全国地质填图计划实施过程中都加强了应用，美国还专门为"全国地质填图计划"先行实施了"全国高空摄影计划"。

在物探方法技术应用方面，美国和澳大利亚等国于 20 世纪 90 年代中后期开展了地球物理方法在区域地质调查中的应用研究。他们利用区域航磁、重力资料的解释结果及地理信息系统软件（ARC/INFO）和综合成像软件（ER Mapper）将多种信息图件和综合解释推断结果叠加在地质图上，并将航磁、重力和放射性测量资料以角图的方式附于区域地质图之上，地质图上加载了根据物探资料推断的地质信息，并附专门的物探推断图件，从而增加了区域地质图的信息承载量。

国外发达国家非常重视高性能轻型钻机的研制工作，目前采用的轻便浅层取样钻机的主要特点是可单人手持操作和搬运，有的也可以单人固定操作和双人搬运。国外轻便钻机多采用模块式组合设计、液压（或压气）传动，并尽量采用新型轻质材料制造，从而使钻探设备具有轻量化、小型化、组件化、液（气）动化和运输现代化的特点。

综上所述，地质填图工作发展的轨迹表明，各种勘查方法技术的综合运用是必然趋势。勘查技术方法在研究覆盖区基岩类型和分布、深部地质和构造特征等方面具有无可替代的重要作用，围绕填图目标任务选择合理的勘查技术方法手段组合十分重要。在 21 世纪，技术手段的革新，将促成区域地质填图工作模式的重大变革。在覆盖区的地质填图工作中，由于传统地质方法的局限性，物、化、遥、钻等技术方法的优势更加突显出来。勘查方法技术的组合应用有利于合理安排地质填图工作，提高地质填图的工作效率，丰富地质图，尤其是覆盖区区域地质图件的地质信息含量，提高图件的质量和基础地质研究的水平。

三、重大地质矿产环境问题

我国已经进入生态文明建设和绿色协调发展的新阶段，国家在空间规划、资源开发、环境保护、城市建设、"三深一土"、科学研究与地质科普等方面的方针、政策、部署、规划都需要基础性、战略性、公益性基础地质工作支撑，通过技术资料的持续更新进一步提高重大基础地质矿产问题综合研究程度，服务经济社会发展和生态文明建设。

森林沼泽浅覆盖区地处古亚洲洋、鄂霍次克洋、太平洋构造域，是国际、国内研究上述构造域的热点地区。主要涉及大兴安岭构造岩浆岩带、小兴安岭 – 张广才岭构造岩带、额尔古纳地块、佳木斯兴凯地块、辽东 – 吉林陆块和松辽盆地等主要构造区带。充分开展此类地区的基础地质工作，将对上述三大构造域构造演化与成矿时空关系的研究起到引领作用。

1. 重大地质问题亟待解决

东北地区是西伯利亚板块与中朝板块汇聚的关键地带，发育多期次板块增生构造混杂岩带，地质结构及构造活动极其复杂，存在许多急需解决的重大地质问题，如北东向展布的系列构造混杂岩的物质构成、动力学机制和大地构造学意义问题，西伯利亚板块与中朝板块最终对接带问题，中北部前寒武纪结晶基底（如兴华渡口岩群等）的物质构成、形成时代和含矿性问题，中生代火山岩带火山喷发规律、火山 – 沉积地层划分与对比及其地层含矿性问题，漠河前陆盆地沉积层序、沉积中心、形成时代以及大地构造背景和形成机制问题，中亚造山带与滨太平洋造山带东段的叠加及其成矿作用问题等。在基础调查方面，需要加强基础地质工作投入，多专业成果综合、集成与应用性研究，使基础地质调查工作更好地服务于经济社会的发展。

2. 矿产供求形势严峻

当前东北地区处于振兴东北老工业基地的关键时期，对地区经济发展需要的大宗主要矿产，如石油、天然气、煤、铁、铜、铅、锌等的需求量都很大。但由于对资源的长期开发，且经过多年掠夺式开采和粗放式利用，东北三省的煤炭、黑色金属、石油等资源储量减少，资源枯竭导致开采成本上升，失业人员增加，带来贫困、不安定等社会问题，使建立在这些资源基础上的东北地区的石化、冶金、建材、机械装备等工业的发展受到制约。

3. 多领域环境地质形势恶化

当前城市建设日新月异，各种园区、新城、产业园、开发区层出不穷，城市建设存在一定盲目扩张，耕地保护红线、水资源利用红线受到严峻挑战。长期的粗放式开采不仅破坏了地貌景观，毁坏了植被和耕地，而且破坏了地下含水层，严重污染了矿区水资源环境，诱发矿区地面塌陷、地裂隙、边坡失稳、崩塌、滑坡、泥石流等地质灾害发生，时有人员伤亡情况发生。水资源质量日益恶化，供水安全受到威胁，城市垃圾对水环境的污染难以控制；城区老工业基地搬迁留下的被污染土壤正在向地下水污染扩散；农业面源污染持续扩散，已成为水环境的主要污染源。山水林田湖草作为一个整体生态系统要统筹考虑，基础地质调查工作内容依然是该生态系统的内核。

因此，新时代下地质工作者要从生态文明理念为指导，以大资源观、大生态观、大地质观统领地质调查工作，以国家需求为导向，将东北地区经济社会发展的需求落实到地质调查工作中。

第三节　森林沼泽浅覆盖区覆盖类型划分及填图任务

森林沼泽浅覆盖区多数处于内陆大陆性气候环境，冬季寒冷，固体降水有限，夏季温热，有限的固体降雪融化殆尽。由于区内独特的气候特点，区内岩石以物理风化为主，多因冻胀作用发生碎裂，在气候寒冷条件下，基岩风化产生的残坡积层形成冻结层，有利于植被发育，降低了片流冲刷作用对残坡积物的影响，逐渐形成了浅覆盖层。

一、覆盖类型划分

覆盖层主要有残积物、坡积物、河流沉积物、土壤、沼泽沉积物以及冻土。成因多种多样，任何一种覆盖类型都是在不同环境下几种不同外力作用的结果。所以覆盖类型也没有严格意义上的截然不同，其划分也是相对的。其中冲洪积物的划分，是基于本地区河谷较窄，河流细小，沉积物及相应地貌单元范围小且比较零散，而沼泽常分布于较大河谷两侧，且常与冲洪积物、坡积物相伴产出，二者较难区分，因此可将冲洪积物与坡积物作为一个整体进行划分。

残坡积物划分为独立的类型，主要是因为残积物、坡积物经常伴生在一起，呈上下叠覆关系，分布范围大，且多分布于山坡上，以斜坡地貌为主，是研究覆盖层特点、碎石位移的重要参照物。

本指南对区内覆盖层进行了细致研究，按沉积物组合、地质营力、沉积物特征及地貌类型的统一性原则，对森林沼泽浅覆盖区覆盖层进行分类（表 1-1，图 1-2）。

表 1-1　覆盖层类型划分简表

成因组	覆盖类型	地质作用方式	地质作用		地貌类型
残积组	残积物	物理风化作用			山脊
生物、化学组	现代土壤	生物、化学风化			
冻土组	融冻堆积物	冻融作用	水动力渐强	重力渐弱	石海
沼泽组	沼泽沉积物	生物、化学、堆积			沼泽
斜坡重力组	坡积物	重力、片流洗刷			坡积裙、倒石堆
混合成因组	残坡积物	物理、重力、片流			山坡
	冲洪积物	流水侵蚀、搬运、堆积			河床、河漫滩、冲积扇、阶地
植被组	植物	植物本体覆盖			

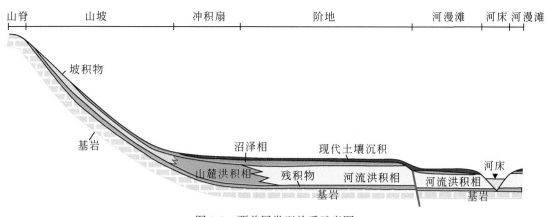

图 1-2 覆盖层类型关系示意图

二、野外填图目标任务

常规浅覆盖区地质填图工作中，由于基岩露头少而受到很大限制，隐伏的岩体、地层、构造、矿体（化）以及地表地质现象在深部发生的变化情况等信息无法直接观察研究，利用转石或局部零散露头填制的地质图可信度低、信息量少，以致整体质量不高。本次森林沼泽浅覆盖区填图旨在通过地质体地、物、化、遥多元信息的综合利用，更为准确地填绘1：5万地质图。

森林沼泽浅覆盖区地质填图的基本目标包括两个方面：其一为揭示覆盖层下伏基岩的地质结构，从而编制基岩地质图；其二为查明覆盖层的特征及地质结构，包括覆盖层的基本类型、组成、分布特征及相关的气候、环境信息等。

森林沼泽浅覆盖区地质填图的主要目标任务是在充分收集利用已有地、物、化、遥资料基础上，采用数字填图技术，针对工作区森林沼泽浅覆盖区覆盖层特点，结合地表地质调查、遥感解译及物探、化探、槽探和浅钻等现代探测技术手段，充分利用岩石地球化学、同位素地球化学及同位素年代学和低温年代学等测试技术，开展1：5万地质填图，查明覆盖层之下地层、岩石、构造及矿化特征等及覆盖层松散沉积物特征与相关的气候环境信息，以指导重大地质问题解决、矿产发现和资源环境的规划利用。

总体目标任务：系统调研和总结国内外1：5万地质填图方法和经验，参照《区域地质调查技术要求（1：50000）》（DD 2019-01）、《覆盖区区域地质调查技术要求（1：50000）（试行）》、《区域地质调查总则（1：50000）》等有关技术要求，在充分收集利用已有地、物、化、遥资料基础上，采用数字填图技术，针对工作区森林覆盖特点，选择有效的遥感、物探、化探和浅钻等技术手段，开展1：5万地质填图试点，查明区内地层、岩石、构造基本特征。通过试点工作，合理鉴别不同类型浅覆盖层的类型和特点，揭示不同类型浅覆盖层下伏的地层、岩石、构造基本特征，研究总结森林浅覆盖区地质调查方法技术和图面表达方式。明确子项目的所属项目、工作周期和工作经费。

主要调查内容如下：

（1）采用地、物、化、遥、工程揭露等多种工作方法与技术手段开展方法试验，运用、探索、总结森林沼泽浅覆盖区 1：5 万地质填图技术方法和图面表达方式。

（2）查明区内地层、岩石、构造、矿产等特征，加强地质调查对象在地、物、化、遥等多元数据的复合表达研究。

（3）开展物、化、遥数据综合研究，圈定物化探综合异常；开展重要异常查证与评价，初步查明引起异常原因，为地质找矿提供信息和依据。

调查成果：区域地质调查报告、分幅地质图及说明书。按中国地质调查局《地质图空间数据库建设工作指南》、《数字地质图空间数据库标准》（DD 2006-06）的要求，提交数字区域地质调查系统原始数据资料（含实际材料图数据库）、最终成果图件空间数据库和成果报告文字数据。

第四节 1：50000 填图工作阶段划分

森林沼泽浅覆盖区 1：50000 地质填图的工作流程与基岩区的填图工作阶段相似，原则上应按照《区域地质调查技术要求（1：50000）》（DD 2019-01）及《覆盖区区域地质调查技术要求（1：50000）》（试行）规定的工作程序进行工作。基本可划分为设计及预研究阶段、野外填图阶段和综合整理及成果出版阶段。

一、设计及预研究阶段

系统搜集整理前人资料，包括地形资料，多波段、多时段、多数据源遥感数据，地球物理资料（航磁、重力等），地球化学资料（土壤或水系地球化学测量成果）以及相关地质矿产资料，了解工作区内的研究现状，对各项资料的工作进行技术质量评估，分析其可利用性，之后对各类相关资料进行综合整理，分析前人工作的重要成果和存在问题；建设资料数据库，确定本次工作拟解决的重要问题和重点工作。针对不同类型地质地貌区特征，开展有效填图技术方法试验，确定拟将采用的技术手段及组合。初步了解研究区内岩石地层的出露类型及空间展布，推断深部地质体的物质组成并初步建立研究区内的构造格架，对将要开展工作的地区开展野外踏勘工作，了解研究区内地质、地貌特征，同时对前期室内资料整理成果进行验证，在上述工作的基础上完成工作方案的编写以及设计地质图、工作部署图编制等。

二、野外填图阶段

合理利用多元数据，尤其是在航磁、遥感解译的基础上，明确地质调查及验证重点，突出安排重点露头或路线的调查工作，优先完成 1：5 万区域地质填图调查，在此基础上进行矿点概略性和重点检查。同步开展 1：5 万土壤地球化学测量工作，开展地球化学反演工作。重点对调查区填图地质体与地球化学块体信息进行细致反演研究，根据其成果反证填图成果。在样品分析过程中可利用能量色散 X 射线荧光分析快速高效的特点，尽快开展异常圈定以及土壤地球化学反演工作，对圈定的重要 1：5 万土壤地球化学异常和矿（化）点结合地质背景择优选择，开展物化异常筛选和查证工作。可采用 1：2 万地质简测、1：2 万土壤地球化学测量、1：2 万高精度磁法测量、1：2 万激电中梯测量以及灵活比例尺和技术手段，根据综合地质、物探、化探等多元方法对异常进行查证，圈定成矿有利地段。对发现的矿点、矿化蚀变带、物化探异常采取路线追索检查的方式进行检查，必要时可在重点异常区、重要矿化蚀变带布设轻型山地工程或以钻代槽方式进行查证揭露，并系统采取化学分析样品。通过以上工作，选取重点工作区，验证矿（化）点，完成地质矿产调查任务。

三、综合整理及成果出版阶段

该阶段是项目工作的最终阶段，主要包括原始资料的综合整理、各类图件的编制、建立数字化填图数据库、报告编写、评审及出版等。

深入研究填图项目采取的方法技术手段的有效性，总结获得的技术成果，着重突出调查所取得的大量实际资料及进展成果。按照规定进行数据库建设，以及成果认定后整理资料组织出版。

第二章 地质填图技术路线与推荐主要技术方法

森林沼泽浅覆盖区广泛分布于我国东北地区，特别是大兴安岭、小兴安岭、长白山地区，多数属山地－丘陵地形区。该类型地区以物理风化为主，松散堆积物厚度大，岩石破碎，地表还分布有植被、水系沉积物和融冻堆积物等面域覆盖物。故在进行地质填图工作前首先要考虑到这些浅覆盖物对填图工作的影响，采取的填图技术手段能减小或突破浅覆盖物的影响。

在森林沼泽浅覆盖区填图工作中应用的主要技术手段为：以地质路线、实测剖面等调查为基础，明确地质验证成果与物化遥多元数据反演单元之间的对应关系，从而确定地质填图单元，填图过程中充分利用计算机平台开展多种专业方法融合、验证来完成填图任务。

第一节 技术路线

一、基本思路

目前，我国大部分国土面积已为大量中小比例尺物探、化探、遥感数据资料所覆盖，充分利用这些宝贵的数据资料进行二次开发，为地质填图服务，已获得良好的效果。同时，遥感、航磁、重力、化探、钻探等方法应用于浅覆盖区地质填图已经有了初步的实践，也取得了一定的进展，数据成果虽然受到地理、地质（包括岩石的电性、磁性、密度、放射性、反射性等特征）及仪器参数等客观条件的限制，导致数据单独利用率高，综合使用率低，专业综合利用率更低。

近年来，利用地球化学成分反演基岩岩性、矿物成分及其边界圈定的方法技术，研究基于地质岩性、构造解译标志及地形因子、水系类型与密度、造岩氧化物空间分布等定性、定量指标等特征的方法及技术流程，研究地质填图目标与遥感地质解译单元、地球化学块体、地球物理块体的多元数据对应关系确定地质填图单元的方法已经就位。

按照相关技术规范要求，在充分收集利用已有地、物、化、遥资料基础上，采用数字填图技术，针对工作区森林沼泽浅覆盖区特点，选择有效的遥感、物探、化探和浅钻等技术手段，开展1∶5万地质填图工作。通过充分利用大量的物探、化探、遥感、钻探信息，提高地质填图研究水平和信息承载量，创新工作的技术方法手段和组合，科学开展森林沼泽浅覆盖区的地质填图，科学利用以往和现有数据对于指导填图工作实践意义重大。

二、技术路线

按照《区域地质调查技术要求（1：50000）》（DD 2019-01）和数字化填图技术方法要求，以新的地质理论为指导，掌握有关学科研究现状和研究方向，广泛吸收相关学科

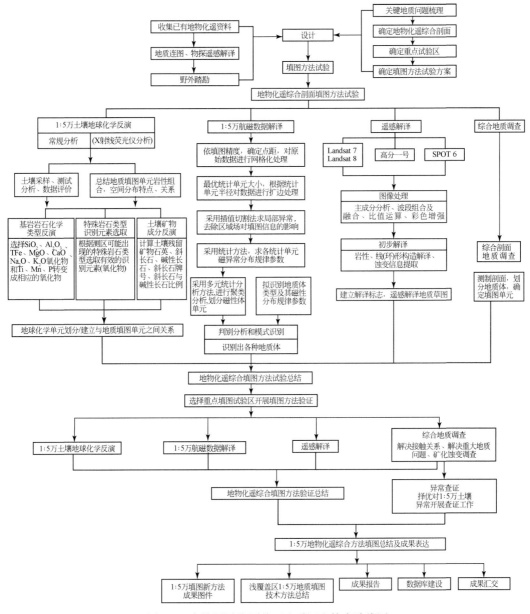

图 2-1 森林沼泽浅覆盖区地质调查技术路线图

领域的最新地质研究成果,采用多学科、多手段综合调查研究方法,加强调查内容的多样性、综合性和整体性。

推荐以地表地质调查、物化遥综合反演、X 射线荧光快速分析以及浅钻相互辅助、验证的方法组合研究来开展工作,通过地球物理(航磁数据)及遥感综合反演、解译为地质路线和地质剖面提供工作重点,减少按网度部署工作的盲目性,集中力量进行地质体的确定、地质构造框架的建立、地质接触关系的寻找。通过综合剖面建立典型地质体在地质、物探、化探、遥感等方面的典型指标。同时,采用浅钻及 X 射线荧光快速分析方法辅助进行填图单元的物理和化学信息揭露,迅速定位和确定填图单元,合理鉴别不同类型浅覆盖层的类型和特点,揭示不同类型浅覆盖层下伏的地层、岩石、构造基本特征,总结森林浅覆盖区地质调查方法技术和图面表达方式,形成科学规范的森林沼泽浅覆盖区填图成果。

地质调查技术路线图见图 2-1。

第二节 推荐主要技术方法

依据此次填图实践工作的成果和经验,以研究地质填图目标与遥感地质解译单元、地球化学块体、地球物理块体的多元数据对应关系确定地质填图单元的方法为主要技术手段,结合现代先进地学理论及填图方法,突出地球化学、地球物理以及遥感等专业手段在地质填图中的方法研究,辅以以钻代槽、能量色散 X 射线荧光分析和图面表达等综合手段,总结了一套在森林沼泽浅覆盖区开展地质矿产工作的有效方法组合。利用计算机平台开展各专业技术手段组合的方法来进行填图实践。

一、遥感数据源筛选及地质解译

遥感地质工作能从整体、宏观上去解译地质体、地质构造,作为常规点、线地质调查的重要辅助和补充。遥感地质工作中的新方法也常为地质工作提出新观点、新手段。

遥感地质解译与以往的区域地质填图方法是不可分割的一个整体工作系统,在填图方法体系中二者构成了一个相互依存和相互补充的交互式作业系统,缺一不可。遥感图像上的地质信息通过处理和解译成果可成为区调的生产力。将遥感地质解译与区域地质调查紧密配合是新一代区调填图的重要方法。

1. 最优数据源的选择

多波段、多时相、多数据源遥感数据(高分一号、ETM+ 多光谱、Spot 6 和 ASTER 及大比例尺低空航拍影像等),通过不同数据源应用对比及结合使用,选择出适合森林沼泽景观区遥感地质填图的最优数据源。

2. 遥感地质解译

通过采用遥感多时相图像对比选择、比值分析、波段组合、数学变换和纹理信息增强等方法技术,利用光谱信息和纹理结构差别显示植被异常,通过分析植被异常与地质信息的相关性,突出和提取地质信息,希望通过图像处理方法,最大程度地区分地质体和线 – 环形构造影像特征,根据客观实际,探讨适合森林沼泽浅覆盖区遥感填图的最优波段组合,研究出适合不同岩性的图像增强解译方法。

二、航磁数据处理及识别反演

(一)磁异常化极处理

磁性体中的磁化强度矢量常常是倾斜的,实测的磁场就是倾斜磁化条件下的磁场。为了压制浅部磁性体的干扰,常采用延拓等磁场变换处理的方法。由于倾斜磁化的影响,这种变换的结果将使异常更加偏离激发体。同时在斜磁化情况下,相邻地质体之间正负磁场的叠加,更造成了推断解释的复杂化。如果是垂直磁化,异常的解释就相对简单。因此,需要将实测的 ΔZ 或 ΔT 磁场转化成垂直磁化的垂直磁异常。化极就是这样一种滤波技术,它能够将斜磁化的磁异常转化为类似在地磁极观测到的地磁异常,从而简化了异常形态。

(二)局部场和区域场的分离

区域场与局部场的分离是区域重磁场数据处理的重要内容。区域场地球物理资料既包含了地下深部的构造信息,也包括了浅部的岩性信息,为了在区域上获得这些浅部的地球物理岩性异常单元分布情况,将这些区域地球物理信息进行分离是十分必要的。从谱分析来看,区域场和局部场的频率成分是不同的。区域场以低频成分为主,局部场以高频成分为主,通过提取不同频率成分的场就可以完成场的分离。

(三)标志与特征提取

在地质单元划分(包括矿产预测)中首先要选取标志,它是观察或测量得到的一些地球物理、地球化学和地质参数,以及某些确定性的、统计的和逻辑的特征。标志选取的好坏将直接影响到工作的成败。因此,在地质工作中,标志的选择往往是大家所关注的一个问题。由于地质工作的复杂性及工作对象的千变万化,目前尚没有一个确定性的标志选取方法,经常是凭人们的经验并经过试验来确定。随着工作经验的积累及先进计算技术的引进,对某些问题有一些初步看法,并随着时间的推移,又提出一些新的有效的标志。

初步地可以将标志划分为定性标志和定量标志、直接标志与间接标志、一次标志与二次标志或综合标志。地质标志多半属于定性标志,而地球物理标志则多半属于定量标志。找矿标志中,矿体露头、铁帽、有用矿物重砂及油气苗等属直接标志,蚀变围岩、特殊层位、特殊地形、特殊植物、地球物理的某些异常等属间接标志。一次标志指直接测得的标志,如航磁异常(或重力异常)。二次标志指由一次标志转换而来的标志,如上延值、导数值、平均值或方差等,或是一次标志解释的结果,如由重力资料换算得到的莫霍面深度,由航磁资料计算得到的居里面深度或基底深度。综合标志指由一次标志或二次标志组合而成的标志，例如 K-L 变换成主成分分析得到的综合标志。

在利用地球物理资料进行分区划分或识别时，不仅要利用到异常强度还要考虑异常走向、异常形状、符号、梯度、光滑程度及跳跃程度等。同时应注意到不同构造区的异常特点。已有的研究表明，在利用地球物理数据（包括放射性数据）辅助地质填图时，均值与方差有比较明显的效果，这是因为不同岩性常有一定的密度差、磁性差或放射性元素含量差。例如花岗岩区常表现为中等或弱磁性及低密度，因此在花岗岩区常反映为负重力异常，且呈圆形或扁椭圆状。在玄武岩覆盖区，由于玄武岩具有高密度高磁性及变化大的特点，因此表现为正的跳变异常。由于沉积岩区常反映为稳定弱磁场，而火成岩常反映为中等（或强的）磁异常且有一定的跳动，利用均值及方差很易于分辨。随着岩石酸度的增加，铀钍含量增加，因而可根据放射性含量（放射性异常均值）来划分岩性。不仅如此，由于不同年龄的花岗岩侵入体具有不同的放射性（年代越新放射含量越高），还可以依据放射性异常均值划分不同年代的花岗岩。

在利用地球物理资料进行矿产预测时，应充分研究该区矿产的分布特点及地球物理异常特点，找出直接或间接的找矿标志。这时除均值方差外，有时用到断裂交汇点（异常交汇点）、异常弯曲程度、水平梯度、异常面积比（单元面积及单元内大于异常峰值2/3面积比）、重磁比，或某些组合标志（如航磁高、电性高、密度低）等。

在标志选择过程中，目前多半选用均值、方差或上延值及上延两个高度值之比或差，二阶导数或二阶导数范围与原始异常范围比等。而对于形状参数没有注意利用，今后应充分注意形状参数的作用，如圆形度、体态比（最小外接矩形长宽比）、细长度、凹性度及密集度（面积与周长平方比）等，因为这些参数在划分构造及岩性中有一定作用。

不同标志在同一地区的同一问题研究中有不同的作用，作用的大小用信息量衡量。信息量的衡量办法有好多种，但常用的有：①直方图（研究每个白纸在各类中交叉范围的大小，分类能力随交叉范围的增大而减小）；②各类标志内部方差与类间均值差（或方差）之比 [信息量随内部方差变大或类间均值差（方差）变小而降低]；③由频率值计算信息量；④各类概率密度分布的熵；⑤各类标志识别的误差。在上述几种信息量衡量办法中以直方图最为直观，但无定量概念，第二种衡量方法是一种定量的方法，但不直观，后两种一般不常用。

第二种信息量的计算方法是把两个不同性质的单元看成是两个总体（母体），在每个总体中由不同个体之间的差异所造成的组内方差可看作是随机因素引起的，而两个总体之间的差异则反映了性质上的不同。如某一标志在相邻的两个构造上表象为组内方差小而组间方差大，那么可以认为它们是两个不同构造（或岩性）之反映。

标志选择需注意以下几个问题：

（1）不同比例尺的问题反映不同级别的填图问题（构造问题）或不同详细程度的找矿问题，因此可取不同标志。

（2）利用地球物理方法去研究构造划分或找寻矿产时，注意不同方法及尺度的特点，不能硬套地质上的一些要求，由于地球物理对构造有明显效果，因而采用间接标志去找矿，有时效果会更好一些。

（3）相关标志应尽量减少，但应注意相近又有一些差别的标志，有时利用这些标志可能会减少多解性。

（4）某些标志应赋值，具体赋值可参考数学地质中常用的方法。

本书提出一种制造衍生参数的特征统计方法。依据岩石间磁性差异规律，参照统计方法，确定统计变量（表 2-1）。

表 2-1　磁异常分布规律参数的统计描述、数学表述和意义

序号	统计描述	数学表述	意义
1	均值	$\mathrm{mean}(X_{(n,m)})$	强弱
2	极大值－极小值	$\max(X_{(n,m)})-\min(X_{(n,m)})$	范围
3	极大值	$\max(X_{(n,m)})$	极大值
4	正值个数／负值个数	$\mathrm{number}(\mathrm{positive}(X_{(n,m)}))/\mathrm{number}(\mathrm{negative}(X_{(n,m)}))$	跳动幅度
5	峰度	$\mathrm{kurtosis}(X_{(n,m)})$	数据陡缓程度
6	偏度	$\mathrm{skewness}(X_{(n,m)})$	分布对称性

（四）统计单元（单元面积）的确定

统计单元是数理统计中的基本研究对象。单元取得是否合适将直接影响统计分析结果。一般来说，统计单元应具备如下几个特点，即：

（1）随机性。这意味着单元彼此之间是独立的，单元分布与单元性质是随机的。

（2）可统计性。研究工作的基础是随机变量的统计分布。因此单元必须具有足够的数量，以便能够满足统计的基本要求。

（3）类比性。单元划分应是平等的，具可类比性；单元描述应有差异，使得单元类比有实际应用上的意义。

（4）客观性。它不仅是数学上的样品点，而且应具有明确的地质含义。

目前常用的划分方法有两种，一种是网格法，另一种是地质体单元划分方法。

在矿产资源预测方面可以采用地质体单元划分方法。对岩浆岩型矿产，多以岩体专属性特征为主要控矿因素。若矿体围岩即成矿母岩而这类矿床的矿体很少产于岩体以外的围岩时，一般选择岩体为单元。例如与超基性岩有关的铬铁矿床，与基性岩有关的铜镍硫化物矿产。对于伟晶岩型矿床，由于岩体内部岩相分带变化规律为主要控矿因素，而且矿体多产于岩体内，可以伟晶岩体为统计单元。夕卡岩型矿床主要赋存于侵入岩及其围岩的接触带上，或者位于接触带有一定距离的侵入岩及围岩中。接触带的类型及其附近的构造特征是主要控矿因素，故按矿体或矿体的接触带的类型及其构造控矿因素进行划分。对于热液矿床，可按不同级次构造对矿床的控制作用进行划分。对于层控矿床，地层及岩性组合是主要控矿因素，可根据有利层位及其构造控制作用进行划分。

本项目中，参考填图精度要求，使统计单元与地质填图观察点数量要求相匹配，设计了自动划分方案，在软件中实现。航磁数据格式通常为点距 5m，线距 200m。

（五）地质体识别分析

在已知标准样品时，可以采用"有标准样品监控的识别方法"，通过建立标准样品的参数特征，利用全区数据进行比对，识别出与标准样品相同的样品，从而实现地质体单元的划分。在没有标准样品时，可以采用"无标准样品监控的识别方法"，对全区样品进行分类划分，将相似特征的地质体划分为一个单元，进一步采用人工方法，比对已知地质图，确定各单元代表的地质体。下面介绍两种识别方法的原理。

（1）在有已知标准样本及其磁性特征的情况下，可以采用识别的方案对全区进行判断。本书采用统计分析方法，试验了一种基于插值切割法切割后的局部数据转变的浅层岩石磁性分布规律和磁性差异识别浅覆盖区地质体的新方法。

需要依据岩石间的磁性差异规律，参照统计方法，确定具有地质意义的统计变量及其数学表达式。求解各单元与已知地段的相似度，绘制相关系数的等值线图，根据地质工作经验，在计算的层位上，确定关联度大于某值的区域为可供参考的单元区。

（2）聚类分析方法是将一批样品或变量按照它们性质上的亲疏、远近程度进行分类的常用多元统计分析方法。这种方法的特点是可以在没有训练区（已知区）的情况下，对研究工作区的实测资料进行分类。由于它不需要训练区，又称为无学习或无监督的分类方法。

由于各变量的单位、量级和数值变动范围的差异可能很大，计算中往往突出了绝对值较大的变量。因此在聚类分析之前应将各个变量变换为量度一致的相对数值，通常用的有两种方法，一种叫标准化，一种叫正规化。

聚类算法有好多种，如系统聚类（又分为 R 型与 Q 型，R 型为变量间分析，Q 型为样品间分析），逐步聚类、k 均值聚类法及迭代法。在构造分区及地质填图中常用 k 均值聚类法，有时也用迭代法。系统聚类由于占用内存过多，因而一般不用。本书采用 k 均值聚类法进行了聚类计算。

k 均值聚类法是使域中所有样品到聚类中心的距离平方和为最小的一种算法，或者说是在误差平方和准则下的一种算法。

三、土壤地球化学数据反演

土壤测量方法技术应用于浅覆盖区地质填图是基于土壤化学成分与浅覆盖层下的基岩成分具有继承性关系和密切的空间关系，推断浅覆盖层下的基岩地质信息，从而解决区域地质填图问题。因此，使用该方法的基本条件是：①土壤成分与基岩岩石化学成分具有明显继承性；②采集的样品应为残积物或空间位移较小的残坡积物；③土壤样品的采样密度应与填图的比例尺相当。研究表明，我国北方的森林沼泽浅覆盖区、半荒漠草原浅覆盖区都基本符合土壤测量方法的应用条件。此类景观区面积大，具有广泛的应用前景。

研究和实践表明，土壤测量方法可为区域地质填图中的岩石类型确定、地质填图单元（地质体）划分、侵入体对比与期次划分、沉积环境再造、浅部断裂构造识别、区域矿产资源评价等问题提供重要的参考依据。

本次采用的土壤地球化学测量的比例尺为 1∶5 万，采样密度为平均 8 点 /km²。样品分析测试元素 / 氧化物 33 项，分别为 SiO_2、Al_2O_3、TFe、MgO、CaO、Na_2O、K_2O、Ag、As、Au、Ba、Bi、Co、Cr、Cu、Hg、La、Mn、Mo、Nb、Ni、Pb、Sb、Sn、Sr、Th、Ti、U、V、W、Y、Zn 和 Zr。分析质量符合相关要求，满足推断地质填图单元的要求。通过岩石化学成分反演、土壤矿物组成反演等手段，使有效地质点观测达到了 8 点 /km²，极大地弥补了此类景观区地质露头严重缺乏的问题，可以大大提高填图质量。信息量大是土壤测量方法的优势。同时各个指标间还可以相互检验和制约。经验证一般选取 Ba、Co、Cr、La、Nb、Ni、Sr、Th、Ti、U、V、Y、Zr、Al_2O_3、CaO、Fe_2O_3、K_2O、MgO、Na_2O、SiO_2 等 14 ～ 16 种元素 / 氧化物的组合即可满足推断地质填图单元的要求。

（一）基岩化学成分反演方法技术

在森林沼泽景观区，繁茂的植被等因素制约了土壤物质迁移。1∶5 万土壤样品多为残坡积物甚至残积物。因而，绝大多数 1∶5 万土壤样品在空间和成分上与覆盖层下的基岩有密切关系。这为利用土壤化学成分推断浅覆盖下的基岩岩石化学成分，确定岩石类型和填图单元归属提供了前提。

岩石风化作用、样品粒级等因素影响导致土壤化学成分发生明显的"均一化"，因此，将土壤反演为基岩，首先要消除这些因素的影响。

反演分两步进行。首先，采用氧化物加和法对土壤中各种氧化物含量进行校正，以消除样品有机质、样品粒级等影响。具体方法是：①将 Mn、Ti 和 P 换算成相应的氧化物；②把所有的氧化物含量相加求和；③将所有的氧化物含量除以（总和 +3），因为氧化物含量加和没考虑岩石样品的烧失量。统计表明，岩石烧失量一般在 3% 左右。

然后，在此基础上进行风化作用影响校正，即对"元素均一化"影响校正。这一步校正方法称为"Z 分数校正法"。其基本思想是，通过土壤校正后的"岩石"应与区域实际岩石氧化物含量的概率分布型式相同，即具有相同的均值和方差。根据已有的研究结果和概率论的中心极限定理可证明，地质体中的常量元素含量符合正态分布。转化过程和步骤如下：

（1）分别计算区域岩石和系统误差校正后的土壤氧化物的平均值（$\overline{X}$）和标准差 σ，用公式 $Z_i^S = (X_i^S - \overline{X}_i^S)/\sigma_i^S$ 和 $Z_i^R = (X_i^R - \overline{X}_i^R)/\sigma_i^R$（其中 S、R 代表土壤和岩石，$i$ 代表某种氧化物）分别对土壤氧化物含量和区域岩石氧化物含量进行 Z 分数变换。

（2）把变换后的土壤氧化物含量按公式 $X_i^S = Z_i^S \times \sigma^R + \overline{X}_i^R$ 变换为"岩石"氧化物含量。

（3）变换后的"岩石"氧化物总和会发生改变，为保持氧化物的定和性，对变换后的"岩石"氧化物求和，再把各氧化物含量除以（氧化物总和 +3）。

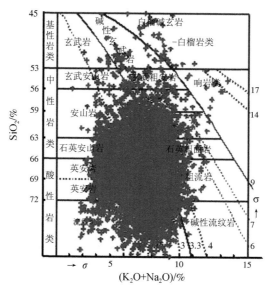

图 2-2　转化后的土壤 SiO_2-（K_2O+Na_2O）图

采用两种方法检验了反演结果的合理性。一是将转化后的土壤 SiO_2、Na_2O、K_2O 与区域岩石对比，在 SiO_2-（K_2O+Na_2O）中，可看出两者是很接近的（图 2-2）；二是通过地质路线观察、点槽、浅钻等方法地质验证。

在此基础上，根据土壤反演后的"岩石"的 SiO_2、Na_2O、K_2O 氧化物数据，采用 SiO_2-（K_2O+Na_2O）岩石学分类方案（邱家骧，1985）将全区样品分为 15 个岩石化学类型。分别是特殊岩类（如大理岩、石英砂岩等）、超基性岩类、碱性玄武岩类、玄武岩类、玄武粗安岩类、玄武安山岩类、粗安岩类、安山岩类、粗面岩类、石英安山岩类、石英粗面岩类、英安岩类、碱流岩类、流纹岩类、碱性流纹岩类。

（二）碎屑矿物提取方法技术

基于土壤氧化物化学成分推断基岩岩石类型的方法是从全区整体化探样品的统计规律入手。虽然具有简单方便的优势，但是对于一个具体的地质点推断的正确率还不能达到很高的程度。为此本书提出了根据单个土壤样品化学成分反演其矿物种类和相对含量的方法。利用该方法可计算出碎屑矿物石英、斜长石、钾长石和斜长石号码，参考这些矿物信息可大大提高推断解释的正确率。同时可在很大程度上排除有机质、风成沙以及样品粒级的影响。

1. 基本原理

土壤物质组成十分复杂，主要有石英、长石等原生矿物，次生的高岭石、蒙脱石、伊利石等黏土矿物，碳酸盐、铁锰胶体和少量有机质。不同地区的土壤中各种物质的种类和含量有较大差异。虽然土壤中的物质成分复杂，但是除同质异象外，每种矿物都具有特征的氧化物组成。而且满足以下关系：

$$A_{11}W_1 + A_{12}W_2 + \cdots + A_{1n}W_n + \Delta_1 = b_1$$
$$A_{21}W_1 + A_{22}W_2 + \cdots + A_{2n}W_n + \Delta_2 = b_2$$
$$\cdots\cdots \quad (2\text{-}1)$$
$$A_{m1}W_1 + A_{m2}W_2 + \cdots + A_{mn}W_n + \Delta_m = b_m$$

其中，W_n 为土壤中第 n 种矿物含量；A_{mn} 代表第 n 种矿物中第 m 种氧化物的含量；Δ_m 为第 m 种氧化物偏差项（包括分析误差等）；b_m 为第 m 种氧化物的含量。

方程组求解时，同时必须使任何矿物含量不能为负，即：

$$W_1, W_2, \cdots, W_n \geqslant 0 \quad (2\text{-}2)$$

因为偏差项 Δ_j 可能是正值，也可能是负值，因而令 $\Delta_j = \alpha_j - \beta_j$，其中 α_j、$\beta_j \geqslant 0$（α_j 为负偏差，β_j 为正偏差），则方程组（2-1）可改写成：

$$A_{11}W_1 + A_{12}W_2 + \cdots + A_{1n}W_n + \alpha_1 - \beta_1 = b_1$$
$$A_{21}W_1 + A_{22}W_2 + \cdots + A_{2n}W_n + \alpha_2 - \beta_2 = b_2$$
$$\cdots\cdots \quad (2\text{-}3)$$
$$A_{m1}W_1 + A_{m2}W_2 + \cdots + A_{mn}W_n + \alpha_m - \beta_m = b_m$$

根据上述条件，可将其转化为最优化方法中的线性规划问题：

$$\min z = cx$$
$$\text{s.t. } Ax = b$$
$$LB \leqslant x$$

其中，c 是 n 维行向量；A 是 $m \times n$ 维矩阵；b 是 m 维列向量；LB 是 n 维列向量，它们都是已知的，问题是求满足约束条件 $Ax = b$，$LB \leqslant x$ 的 n 维向量 x，使其目标函数 $z = cx$ 取最小值。

2. 计算方法

首先，估计土壤样品可能出现的矿物种类。根据研究区地质概况和样品特点，土壤中出现的原生矿物有石英、长石、黑云母、角闪石等。次生黏土矿物主要为高岭石、伊利石、蒙脱石以及碳酸盐和铁锰胶体。

建立矿物的氧化物含量矩阵 A。其中，方解石、铁锰胶体、石英、钙长石、钠长石和钾长石等成分简单的矿物可采用理论计算值，黑云母、角闪石、高岭石、伊利石、蒙脱石等成分复杂矿物可采用平均化学成分。选择 SiO_2、Al_2O_3、CaO、Na_2O、K_2O、MgO 和 TFe（全铁）作为计算用的氧化物。本书采用的矿物的氧化物含量矩阵见表 2-2。

表 2-2 土壤中矿物氧化物含量矩阵

元素	方解石	铁锰胶体	石英	钙长石	钠长石	钾长石	黑云母	角闪石	高岭石	伊利石	蒙脱石
SiO_2	0	0	1	0.432	0.688	0.648	0.356	0.4360	0.454	0.492	0.511
Al_2O_3	0	0	0	0.367	0.194	0.183	0.161	0.1063	0.385	0.290	0.198
CaO	0.540	0	0	0.2	0	0	0.008	0.1036	0.001	0.007	0.016
Na_2O	0	0	0	0	0.118	0	0.014	0.0268	0.007	0.001	0

续表

元素	方解石	铁锰胶体	石英	钙长石	钠长石	钾长石	黑云母	角闪石	高岭石	伊利石	蒙脱石
K_2O	0	0	0	0	0	0.169	0.083	0.0101	0.001	0.075	0.001
MgO	0	0	0	0	0	0	0.103	0.0997	0.001	0.013	0.032
TFe	0	1	0	0	0	0	0.2114	0.188	0.001	0.028	0.008

然后，根据上述物种含量表建立方程组（2-4），以各项偏差总和最小为目标函数，求各种矿物和铁锰胶体含量。采用 MATLAB 2013b 中优化工具箱的 linprog 函数来求解。

对于 An、Ab 和 Or 三个端员组分，首先，将它们分别转化成相应的摩尔分子数，并加和成 100%，计算出 An、Ab 和 Or 的分子百分数；然后根据火山岩中长石共存关系相图（Rittmann，1973）对钠长石进行分配，确定长石的性质及其百分数和斜长石号码；最后将其换算成质量分数。

$$
\begin{aligned}
&\min z = \sum_{j=1}^{m} (\alpha_j + \beta_j) \\
&A_{11}W_1 + A_{12}W_2 + \cdots + A_{1n}W_n + \alpha_1 - \beta_1 = SiO_2 \\
&A_{21}W_1 + A_{22}W_2 + \cdots + A_{2n}W_n + \alpha_2 - \beta_2 = Al_2O_3 \\
&\qquad\qquad\qquad \cdots\cdots \\
&A_{m1}W_1 + A_{m2}W_2 + \cdots + A_{mn}W_n + \alpha_m - \beta_m = b_m \\
&W_1, W_2, \cdots, W_n \geqslant 0 \\
&\alpha_1, \alpha_2, \cdots, \alpha_m \geqslant 0 \\
&\beta_1, \beta_2, \cdots, \beta_m \geqslant 0
\end{aligned}
\tag{2-4}
$$

通过与 X 射线衍射定量分析结果对比，证明该方法具有较高的精度。本方法仅适用于火山岩和侵入岩形成的土壤。在使用时应注意：①根据研究区风化特点确定可能出现的矿物组合；②应根据是火山岩区还是侵入岩区使用相应的钠长石分配相图；③对沉积岩和变质岩形成的土壤也可做参考。

（三）地球化学单元划分和构造识别方法技术

利用土壤地球化学测量数据进行地球化学单元划分与构造识别对浅覆盖区地质填图有十分重要的意义。目前，有许多划分地球化学单元的方法。通过大量研究，筛选出两种效果较好的方法，即 k 均值聚类法和因子分析 –k 均值聚类法，分别介绍如下。

1. k 均值聚类法基本原理

k 均值聚类算法的原理是首先随机从数据集中选取 k 个点作为初始聚类中心，然后计算各个样本到聚类中心的距离，把样本归到离它最近的那个聚类中心所在的类。计算新形成的每一个聚类的数据对象的平均值来得到新的聚类中心，如果相邻两次的聚类中心没有任何变化，说明样本调整结束，聚类准则函数已经收敛。

本算法的一个特点是在每次迭代中都要考察每个样本的分类是否正确。若不正确，就要调整，在全部样本调整完后，再修改聚类中心，进入下一次迭代。如果在一次迭代算法中，所有的样本都被正确分类，则不会有调整，聚类中心也不会有任何变化，这标志着已经收敛，因此算法结束。

方法计算步骤如下：

（1）元素选择。以常量元素和微量元素相结合，微量元素以亲石元素为主。选取的元素 / 氧化物包括 Ba、Co、Cr、La、Nb、Ni、Sr、Th、Ti、U、V、Y、Zr、Al_2O_3、CaO、Fe_2O_3、K_2O、MgO、Na_2O、SiO_2。

（2）分析元素含量概率分布型式，对于呈对数分布的微量元素取对数。采用标准化数据进行计算。

（3）考虑地质单元岩石化学成分可分性和工作区可能出现的地质填图单元数，合理选择分类数目。在计算过程中，应从 5 类开始计算直至最终选择了类数为止，一般计算到 20 类即可。

（4）以采样布局图为底图，在每个采样点上用数字或某种色彩符号标出样品的类型（图 2-3），将类型相同的样品划分为一个地球化学单元。把同一单元位置相邻的样品点用边界线圈定，形成地球化学单元图。在各类单元中可忽略孤立出现的非同类样品点。

3	4	4	4	2	2	3	2	2	2	2	3	1	1	1
3	3	4	5	1	1	2	2	2	2	2	3	1	2	2
3	3	3	1	1	1	2	2	2	2	2	4	2	3	2
3	3	3	1	1	1	1	2	5	3	3	3	3	2	2
5	4	3	3	1	1	1	2	2	2	2	5	2	2	2
4	3	3	1	1	1	1	1	3	3	3	3	2	2	2
1	1	1	1	1	1	1	1	1	2	3	3	2	1	2
1	4	1	1	1	1	1	1	1	3	5	3	3	1	1
4	1	1	1	1	1	1	1	1	1	1	1	1	1	1
1	1	1	1	1	1	1	1	1	1	1	4	1	1	1
1	1	1	1	1	1	1	1	1	1	1	1	1	1	1
1	1	1	1	1	1	1	1	1	1	1	1	1	1	1
1	1	1	1	1	1	1	1	3	1	2	1	3	1	1
1	1	1	1	1	5	1	1	2	3	1			1	4
				1	5			3	3	3	5			3

图 2-3　地球化学单元划分示意图

2. 因子分析 –k 均值聚类法

方法的基本原理如下：该方法是因子分析法与 k 均值聚类法的结合。该方法首先利用 R 型因子负载确定变量组合，计算样品因子得分，以样品因子得分为基础数据，采用 k 均值聚类法对样品进行分类。

方法计算步骤如下：

（1）元素选择。以常量元素和微量元素相结合，微量元素以亲石元素为主，包括 Ba、Co、Cr、La、Nb、Ni、Sr、Th、Ti、U、V、Y、Zr、Al_2O_3、CaO、Fe_2O_3、K_2O、

MgO、Na$_2$O、SiO$_2$。

（2）分析元素含量概率分布形式，对于呈对数分布的微量元素取对数。

（3）对数据进行因子分析，计算正交极大因子载荷矩阵，分析各因子元素组合特点，确定因子数，一般可取 7～9 个因子，且保证因子的累积方差贡献率大于 80%。

（4）计算土壤样品的因子得分，根据样品的因子得分对样品进行 k 均值聚类。按 k 均值聚类的步骤（3）和（4）进行分类和地球化学单元划分。

3. 断裂构造识别

根据不同单元的边界形态及其相互关系，进行断裂构造识别。对于任意两个相邻的不同地球化学单元，若它们的边界线近似直线分布，则可将其推断为断裂构造（图 2-4）。

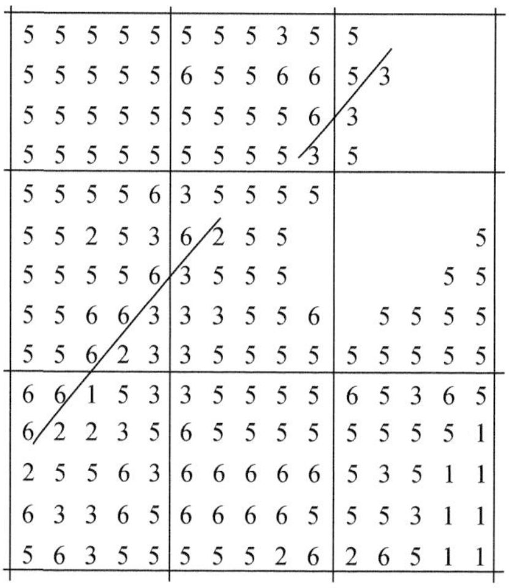

图 2-4 构造断裂识别示意图

四、能量色散 X 射线荧光分析

（一）样品分析前的准备工作

1. 烘干、研磨样品

由于样品本身的不均匀性和仪器分析对粒度的要求，必须对样品进行研磨混匀，但湿度太大不利于研磨，仪器分析时也容易造成误差，因此必须对样品进行烘干处理。土壤样品加工前在 < 60℃恒温干燥箱内充分烘干。

样品粒度一是影响物质的均匀性和存在粒度效应，二是影响仪器的分析精度，荧光仪对粒度的要求较高，需按化学分析要求研磨至 –200 目，这有利于提高样品的分析精度。样品经混匀后分取 70g，采用无污染的玛瑙罐、玛瑙球研磨的磨样机进行细碎加工，直接加工至粒度达到 –0.074mm（200 目筛），样品磨好后不过筛，直接装袋备用。多余未磨样品留作副样。每加工完一个样品，均彻底清洗所有机具，玛瑙罐、玛瑙球等须用水清洗、烘干（或风干）后，方可进行下一个样品加工。为确保样品的一致性，应用 5 个以上不同的样品进行研磨试验，以确定研磨至合格粒度的研磨时间，以后研磨时所有样品均按此研磨时间进行定时研磨。

2. 压片

对研磨好的粉末样品野外可采用小型手动压片机进行压片，压力限定在 20MPa，保压时间 10s。为提高压片的成功率、样片的质量和结实程度，压片采用内径为 36mm 的硼酸压样磨具，以硼酸作为样品周边和底部的衬托，样品虽不必称重，但尽量保持样品量和硼酸量都大致统一，压好的样片大致保持在 3 ～ 4mm 的厚度，在样品底部写上样品编号待用。

（二）仪器标定

1. 开机预热

测试前开机预热 20min（仪器也可 24h 连续作业），通常情况下测试一个对比样，看仪器是否已进入最佳状态，没有问题后可进行下一步。

2. 调整仪器参数

地质样品的分析不同于同一矿山样品分析，其跨度大，元素多，分析复杂，事先对仪器的各种参数需进行适应性研究。根据测试样品的元素种类、含量范围，利用已知样品初步测试，首先分开轻元素和重元素两种测量模式（这样做是为了仪器对不同元素更具有针对性），然后调整仪器相关参数，这些参数主要包括测量时间、增益、管压、管流、滤片、本底处理、是否需要解谱计算等等，参数设定后即可对样品进行测量。

3. 选定标样

一般情况下，选取 10 ～ 30 个样品就够了，但地质样品基体复杂，可尽量多选取标定样品，以使样品具有代表性。建议在不同地区、不同岩石类型、不同矿产类型、不同含量范围在已知样品中按高中低含量选 60 个以上样品进行标定。标样要拉开区间，样品分布尽量均匀。

4. 标定曲线

仪器调试结束，下一步进入测量已知样品，标定仪器工作曲线阶段。这些样品通过仪器测试后会由软件自动形成工作曲线，再通过适当处理，即可完成标定工作。一般情况下，仪器经过一次标定即可长期使用，仪器本身的计数率变化可通过仪器的 S 标样测量这一自校功能进行校正；仪器谱线的左右漂移可通过能量寻峰自行解决，也可通过校准测量进行校正。这些功能均可保证仪器的长期稳定性。具体分以下两步：

（1）建立数据库。利用专家系统，将大量有代表性的已知样品数据录入数据库，即构成了对未知样品测定的基础，再经过设定合适的相似系数，即可利用数据库对未知样品直接检测。

（2）拟合计算公式。也可利用数据库，对有问题的样品进行适当处理后，拟合线性公式，再利用公式对未知样品进行检测。

五、地表地质调查

（一）基岩地表地质调查

1. 路线地质调查

路线地质调查对于地质填图来说是一种行之有效的重要方法之一，森林沼泽浅覆盖区路线地质调查应用路堑剖面加转石填图结合的方法完成地表路线填图。以遥感地质解译及航磁反演成果为先导，初步确定工作区内地质体出露情况，之后选定重点调查区域开展细致的野外路线地质调查，由于在森林沼泽浅覆盖区露头非常稀少，所以在路线地质调查过程中，对于路堑、河堑出露的基岩露头应进行细致的野外观察及记录，以这种手段获得的信息是查明覆盖层结构及其下伏基岩特征的重要依据。

根据新发布的《区域地质调查技术要求》（DD 2019-01）及《覆盖区区域地质调查技术要求（1：50000）》（试行）规定，不平均使用工作量，也不限制地质调查路线总工作量，填图过程中将根据基岩裸露情况及地质复杂程度部署工作。近山地较复杂地区，填图路线可适当加密，并规定，地质填图路线的布置，要以地质条件的复杂程度和要解决的地质问题为依据，在充分利用遥感图像和物（化）探资料的基础上，分别按不同的地质条件和通行程度，精心布置，实行主干路线和辅助路线相结合的原则。

路线布设根据地质体边界的复杂程度、覆盖情况等，采用追索法和穿越法相结合的方法，实际路线调查时以碎石填图法为主，路线上没有基岩露头时，以拣拾残积碎石、坡积碎石作为路线填图的第一手资料。路线的布设在"穿越加追索"的原则下主要沿山脊布设，山脊上所定的地质点有 90% 以上属基岩点或残积点，而残积点基本不存在碎石位移，因此填制的基岩地质图精度较高。然而，路线调查不可避免地必须经过各种坡度的山坡、山鞍、山脚等处，地质界线也多在这些地方，但这些地带多被坡积碎石掩盖，且坡积碎石均存在大小不等的位移，前人根据多年的填图工作总结出一些实用可行的经验。如在山坡上，一般无论上山或下山，新的岩性第一次出现的地方一定说明两种岩性的界线在此处再向上方向的一定距离处，再结合航、卫片等手段对这样的界线进行校正或工程揭露予以确定。岩石抗风化能力强弱直接影响着坡积碎石的位移及存在状态，抗风化能力强、结构均匀的坚硬岩石，其坡积距离较远，而抗风化能力弱的砂岩等岩类坡积的距离相对近些。在观察时除仔细观察碎石外，还要仔细观察风化砂的特征及物质组成，一般 80% 以上地质界线都进行工程揭露控制，并予以校正，最后确定出地质界线的实际位置。地质连图时一般应用"V"字形法则。

2. 实测剖面

剖面测制作为查明填图单元的岩石组合及产出状态的重要手段也是浅覆盖区区调填图工作的重要方法之一，其主要目的是合理确定基本填图单位，建立各类地质体时空关系以及组合顺序，获取和掌握地质体宏观和微观地质特征，有效地把握区域地质构造格架。剖面测制一般在路线填图初步确定填图单位后进行，必要时也可路线、剖面同时进行或剖面提前进行。一般布置在自然露头或人工露头出露较好地段，尽量选择横穿地质体和构造线方向布设。森林沼泽浅覆盖区测制基岩地质剖面过程中如露头不足时，配合剖面测制安排剥土、浅钻等揭露工程和采样。

浅覆盖区的剖面比例尺的设置有双重含义，一是代表表示的精度和可填图精度，二是代表工程布设的原则。一般情况下，1：2000、1：5000、1：10000 比例尺的剖面，其点槽间距分别为 20m、50m 和 100m。剖面测制要求工程揭露比（剖面上槽探揭露长度 / 剖面长度）、剖面控制程度和剖面有效控制程度（已揭露界线数 / 实际界线数）等，《浅覆盖区区域地质调查细则（1：50000）》DZ/T 0158—95 规定三者分别为 > 5%、> 120m/km² 、> 30%。

（二）覆盖层地质结构调查

森林沼泽浅覆盖区覆盖层厚度较小，且山地地貌单元上覆盖层厚度多集中在 0～3m，在较为大型河谷地段冲洪积物厚度可达 10m，故地表的覆盖层地质结构调查是查明区内覆盖层特征的重要手段。

1. 填图单位划分

对于森林沼泽浅覆盖区覆盖层，野外工作中主要应用地质 - 地貌双重填图法，针对不同的地貌单元及其相关沉积物特征，合理地进行路线地质观察及剖面测制，观察研究第四纪沉积物类型、物质成分、成因类型、接触关系、分布范围、厚度变化规律，坡积转石位移情况，赋存的矿产，与地貌之间的关系，并进行必要的地貌量计和孢粉化石及 ¹⁴C 年龄等分析测试样品的采集，同时注意对农业、环境、灾害、旅游等综合性地质信息的收集和研究。

2. 路线地质调查

路线地质调查方法种类较多，应视地质、地貌情况及研究目的合理布设。如：河漫滩、阶地沉积物横向上岩相变化较大，适用于穿越法；在研究河流向源演化特征时，在河流主流和支流间，上、中、下游间应采用纵向的路线追索；在沉积物连续性差，交通不便的地区多采用"十"字形路线或梅花路线进行地质观察；对于沉积层序较独特的冲积扇，采用"十"字形或"丁"字形路线；而覆盖碎石层的调查，由于其分布范围广泛，大多融进前第四系路线地质调查中，这样布设路线，使填图精度有了很大提高，搜集的地质信息更全面，应用价值更高。

3. 剖面实测

剖面布设在交通便利，能反映重要地貌要素、沉积类型及各地层单元之间接触关系，并具有一定代表性的地段，采用导线法测制，河漫滩、阶地在横向布设剖面较合适，而冲积扇、坡积裙适于布设纵向剖面，这样才能正确进行地层划分和对比，测出覆盖层的真实厚度。

六、钻探方法

浅钻填图是在覆盖区利用浅层钻探的方法采取地层样品，用以查明岩层岩性、岩石组合特征、物质成分、岩相组合、地质界线等。若条件允许，还须查明岩层厚度，建立较合理的地层层序，选定标志层，划分填图单元。中小比例尺图幅面积较大，采样点较少，通常可以通过观测动物洞穴、工程断面的方法解决基岩岩性问题。对于浅覆盖区内由于植被覆盖、露头缺乏无法满足填图精度的要求的工作，可采用浅层钻探的方法获得岩层样品，作为填图工作资料来源的重要补充。

在森林沼泽浅覆盖区进行地质填图过程中，钻探方法具有很高的应用价值。其一有助于查明覆盖层的厚度变化、物质组成特征及其下伏基岩岩石组合；其二验证物化遥反演解译成果，以地质事实修正解译结果；其三在矿产勘查工作过程中具有灵活简便的特点，对生态环境扰动较小。

（一）设备选取（参考）

设备可选轻便系列的 TGQ-50，钻进设计深度为 50m，运输方式为拆解人抬式。设备关键参数如下（钻机驱动方式为液压驱动）：

钻机重量：≤ 100kg；最大部件重量：≤ 40kg；液压动力站重量：≤ 110kg。

输出功率：≥ 13.0kW；最高输出转速：≥ 800r/min；最低输出转速：≤ 200r/min。

钻孔直径：Φ46mm ～ Φ89mm。

绳索取心钻孔直径：Φ46mm；绳索取心岩心直径：Φ29mm。

钻架型式：单立柱斜支撑式；给进方式：链轮链条式；提升方式：手动操作柄提升。

最大提升力：≥ 10000N。

钻杆连接方式：螺纹连接。

单根钻杆长度：≤ 1.0m；钻杆重量：≤ 4.0kg/m。

给水方式：汽油机水泵；水泵重量：≤ 45kg；送水压力：≥ 1.0MPa。

（二）工作准备及流程

1. 设备准备

所需设备：钻机、钻杆、钻头、水泵、水管、易损件、备件、专用工具等。

所需人员：每个机组需班长 1 名，工人 2 ～ 3 名，其中班长负责操作钻机，工人负责加减钻杆、搬运钻机等辅助性工作。

所需其他材料：水源（干钻则不需要，但效率会降低）、储水桶（钻孔距水源较远时，需使用储水桶临时储水，容量应在 100 ～ 150L）、泥浆护壁材料（易坍塌缩孔地层使用）、木杠及绳索（用来抬运钻机）、运输车辆（用来将设备及人员从驻地运至施工地点）、油料（93号汽油、汽油机油、齿轮油）、铁制汽油桶（用于携带汽油）、铁锹及镐头（用来平整场地）、野外急救包、手持 GPS 等导航设备（若进入森林则需要）、手套及安全帽等劳保用品。

2. 人员培训

所有施工人员必须经过 1～2 天的培训，合格后方可上岗。培训内容有野外安全知识、钻机操作技术及注意事项、野外工作期间组织纪律及各项规章制度内容。

3. 设备施工

参照设备施工手册和钻探技术方法规程进行。

第三章　设计与预研究阶段

第一节　资料搜集及研究程度分析

一、资料搜集

系统搜集和利用前人资料是项目工作的重要基础，在开展工作之前，对于工作区的地质背景和研究程度的了解全部依赖于前人的研究资料，包括遥感资料，不同比例尺的区域地质矿产调查原始及成果资料，地球物理资料（航磁、重力、放射性等）、区域地球化学资料。由于森林沼泽浅覆盖区地质填图不仅仅注重基岩地质填图，更关注覆盖层的地质结构以及砂矿等相关矿产的调查，所以对于前人的钻孔资料、水文地质、工程地质资料以及各种专项地质综合研究成果等均应系统搜集。

（一）遥感资料

森林沼泽浅覆盖区地质地貌特征与基岩裸露区不同，属寒温带大陆性气候，年平均气温 −4.6℃，温差大，冬长夏短。该区以物理风化作用为主，植被、土壤、碎石发育，树木茂密，叶面指数大于 5，覆盖层厚度一般为 1 ～ 3m。地貌上为中低山，极少基岩出露。各种岩石类型物理性质差异小，地质构造复杂，因此给岩石类型、构造解译带来一定困难。

在遥感影像制图及遥感地质解译工作中，遥感数据的时相选择尤为重要，其决定了遥感影像的制图效果，并对遥感地质解译标志的建立以及遥感目视解译工作有至关重要的影响，尤其是对基于地形地貌、阴影等影像特征而建立目视解译标志而言，适宜时相的遥感数据可获得立体感显著的制图效果。对森林沼泽浅覆盖区而言，3、4 月份以及 10、11、12 月份的遥感数据的制图结果具有良好的立体感效果，有助于遥感地质目视解译标志的建立，可有效提高遥感地质解译的精度。

此外，森林沼泽浅覆盖区岩性的识别与分类在遥感地质领域具有重要的研究意义，现如今遥感地质解译的目视识别工作中除了利用色调、几何形状等基本标志以外更多的是通过水系、纹理图案等标志来进行岩性的解译，而水系、纹理图案正是不同地形地貌特征在遥感影像上的平面表征。由此可知，在岩性识别与分类中地形地貌特征信息是重要的参考数据之一，另外地形地貌特征可以借助由 DEM 数据得到的高程因子及派生因子来进行数字表达，因此将地形因子参数参与到遥感岩性识别与分类中具有重要的研究意义。

（二）区域地质矿产调查资料

收集调查区已有的区域地质、矿产地质、石油地质和煤田地质、水文地质、工程地质、环境地质、地热地质、地震地质等工作的原始资料和成果资料，以及相关专著、论文等。对已有地质路线、地质剖面、测试、鉴定等资料进行筛选整理。尽可能收集调查区已有各种实物资料，如岩石标本、矿石标本、矿物标本、古生物化石标本、钻孔岩心岩样、各类岩石薄片等，建立基本地质格架，了解地层、岩石、构造基本特点，总结揭示调查区内存在的基础地质问题、重大科学问题和水工环等应用问题。

（三）地球物理勘探资料

物探技术是覆盖区的重要方法和手段之一。针对覆盖特点，利用重力、航磁为主的物探资料，进行综合整理和进一步处理，研究区域及局部异常特征，并结合地质资料综合解译。研究具不同密度及磁性差异的地质体分布规律及解释火山机构；根据磁异常，研究区内主要断裂系统。收集调查区内已有的各种比例尺、各种方法的物探资料，含物性表、成果图、观测精度与推断解释的文字说明和异常验证资料；凡需重新整理、处理和定量反演的，需收集其原始数据。

（四）区域地球化学资料

充分收集调查区内已有各种比例尺区域化探基础数据和成果资料及多目标化探资料。收集整理区内主要地质体的地球化学（微量元素、稀土元素、常量元素）特征和区域构造地球化学特征，基本了解区内各个地质体内成矿元素含量、分布及集中规律，初步划分地质找矿的重点地段，合理部署工作。

（五）钻孔及探槽资料

对钻孔、探槽等已有揭露工程的地质编录、素描图、柱状图、测井曲线、照片、测试、鉴定和试验等原始资料进行整理，尤其是各类铁路、公路施工过程中的钻孔等工程的资料，对于区内覆盖层的类型、厚度及空间分布特征进行详细研究，初步了解其地质结构。

二、研究程度分析

一方面，对已搜集的资料进行综合整理分析，总结研究区内研究程度以及本次工作的地质基础，确定本次工作须解决的重要地质问题以及须采取的方法技术手段，明确本次项目工作的工作内容以及工作重点，为后续的工作部署及设计编写提供依据。另一方面，通过对已有资料的分析、总结和提炼，形成资料数据库。

第二节　野外踏勘

设计书编写之前应进行野外踏勘。初步验证已有资料的认识和存在的主要地质问题，从整体上了解调查区地质概况和工作条件，明确野外调查、物探、化探、工程揭露的工作重点和工作内容，了解预部署物探工作的有效性与可行性，了解野外调查工作可选择驻地的各种设施与条件，以便更加合理部署工作任务。

（1）每个图幅应有两条以上贯穿全图幅的野外踏勘路线。踏勘路线应穿越代表性的地质体和地貌单元，观察自然露头、人工揭露露头，了解不同成因类型覆盖层及基岩区地层的发育特征、相互关系、划分特征和存在问题，确定工作方法，完善地质草图。

（2）对代表性地段地质剖面进行重点踏勘与实测，初步建立填图单位，采集古生物和必要的年龄样品，进行鉴定和测试。

（3）对已知矿层露头、采矿点进行全面踏勘，了解覆盖层和隐伏基岩成矿地质背景，采集必要的岩（砂）矿分析测试样品。

（4）针对不同地质目标调查开展的物探工作，要着重解决有效性与可行性问题。

（5）应全面踏勘了解调查区人文、地理、气候、交通等野外调查环境条件、揭露工程与物探施工技术条件（人文干扰、实测通行条件等）和物资供应、安全保障条件等。

在野外踏勘及研究区工作程度分析的基础上编制工作程度图件。

第三节　工作部署及设计编写

一、工作部署

在充分了解和分析前人资料的基础上，明确重点工作区及主要工作方法手段后，依据项目周期以及项目的总体目标任务，对项目中的具体实物工作量进行合理的工作部署。由于森林沼泽浅覆盖区特殊的地质地貌特征，其工作部署也有自身特点。总体的工作部署原则是：以遥感、航磁解译成果为依据，对重点工作区开展有目的的地质调查，以土壤地球化学及航磁反演、遥感解译等手段赋予地质体多元数据属性并与地质调查成果互为验证，辅以能量色散 X 射线荧光分析及浅钻施工，达到能快速、准确地填绘森林沼泽浅覆盖区地质图的工作目的。项目工作部署一般依据项目工作周期、任务书以及总体目标任务进行年度规划，具有一定的阶段性，各阶段又紧密相关。

（一）地表地质调查工作部署

森林沼泽浅覆盖区露头极少，所以其地表地质调查工作部署与基岩裸露区不同，具有路线先行、实测剖面在后的特点，路线地质调查前应先进行遥感解译及航磁数据反演工作，初步建立研究区内填图单元及构造格架，以其解译成果为依据，按年度工作区划分，开展野外验证性的路线地质调查，在查明地质体的空间分布及岩性出露特征后，重点研究工作区内地质地貌特征以及覆盖层地质结构、物质组成，在上述工作基础上开展实测剖面测制工作，最后以钻探及槽探（或相应代替方法）相结合的方式，解决地质体的产出特征及相互关系。

（二）物探工作部署

全区的物探初步解释推断工作应部署在路线地质调查之前，作为路线工作部署的重要依据，其对全区地质体以及构造格架的划分是野外地表地质调查验证的重要内容，而针对地质找矿的地面高精度磁法测量、激电中梯测量、激电测深等工作应部署于化探异常查证区圈定之后，与 1∶1 万或 1∶2 万加密土壤地球化学测量工作同步或稍晚进行。

（三）化探工作部署

1∶5 万土壤地球化学反演是森林沼泽浅覆盖区填图的重要手段。所以在地质路线调查过程中，同步开展 1∶5 万地球化学测量工作，利用其数据成果反演地质对象辅助填图，其测量范围按年度工作安排确定，而后依据其异常圈定结果选择异常查证区开展 1∶1 万或 1∶2 万加密土壤地球化学测量工作，在样品测试过程中突出能量色散 X 射线荧光快速分析，节省样品测试周期时间，以期能快速开展数据反演以及异常的圈定工作，整体缩短野外生产周期，提高野外工作效率。

（四）矿产勘查工作部署

在 1∶5 万土壤地球化学测量成果的基础上，选择强度及规模较大的异常圈定查证区，在异常查证工作过程中，与以往矿产勘查工作不同的是应用浅钻与探槽结合的方式，查明异常成因，追索矿（化）体，探索区内成矿规律，同时达到对生态环境最小扰动的目的，寻求地质找矿与生态保护的契合点。

二、设计编写

设计编写工作应按照项目主管部门下达的任务书和有关技术规范，参照《区域地质调查技术要求（1∶50000）》（DD 2019-01）规定，在前人资料收集、预研究基础上，对前期工作基础和调研现状进行分析，明确项目的工作内容及工作重点、实现目标的工作技术路线和技术方法体系，确定投入的实物工作量，并进行合理的工作部署及计划安排，对最终成果提出预期等，对拟投入的经费提出预算。

本阶段最重要的成果是在充分利用已有资料和踏勘成果基础上编制设计地质图。

第一章　绪论

1. 项目概况

简要叙述所属工程、项目名称、组织实施单位、任务书要求、调查区范围及面积、项目工作起止时间、填图科学家、主要填图人员及单位。

2. 自然经济地理和交通概况

3. 地质地貌特征

第二章　目标任务

1. 总体目标任务

2. 年度目标任务

第三章　预研究

1. 前人调查概况

简述调查区研究程度。

2. 资料收集与质量评价

前人资料收集列表，可利用程度评价，可利用资料建库。地形图、遥感数据准备与质量评述。

3. 野外核查

简述野外预研究所取得的初步认识及完成工作量情况。已有野外工作基础，可以省略。

4. 预研究地质图编制

全面对比分析和研究地质、矿产、物探、化探、遥感资料，及发表的中外文文献资料，初步总结规律，找出存在问题，提出重点调查内容。依据预研究成果，包括前人资料和野外核查，编制全要素预研究地质图及工作部署图。

第四章　区域地质概况及填图单位厘定

1. 地质和地理概况

根据前人及野外踏勘资料，全面系统概述调查区交通、自然地理经济状况及区域地质背景特征，对工作区地质地理条件进行评述。

2. 工作程度和研究现状

对调查区工作程度进行全面系统列述，并对其成果资料和地质认识进行评估，对本次工作可收集利用的地质资料和成果要具体说明。

3. 存在问题

通过对前人资料的综合分析、预研究及野外踏勘，梳理调查区存在的资源环境和基础地质问题，对本次工作需重点解决的地质问题要提出有针对性的举措。

4. 填图单位划分初步方案

第五章　调查内容及方法

野外需按岩石及岩石组合、结构构造等合理划分填绘各地质实体，提出岩石或岩石组合初步划分及区域地层单位划分对比方案。

1. 调查内容

简述区域地质的基本调查内容和要解决的主要问题。

2.调查方法

简述区域地质调查精度要求、工作方法及选择的依据。

第六章　数据库建设

简述区域地质野外原始数据库、国际分幅地质图的空间数据库建设方案。专题性地质调查与填图，原始数据采集和成果表达可采用多种方式。

第七章　工作部署

简述人员组织、技术装备、工作计划、工作程序、时间安排及计划实物工作量。

第八章　质量保障

简述区域地质调查的质量保障体系。阐明项目组织管理、人员组成情况及项目质量、技术装备、安全、财务等保障措施。在设计中要具体阐明填图科学家的品德、能力和业绩。

第九章　预期成果

简要说明通过本次工作预期取得的主要成果，包括解决的资源、环境、灾害问题，科技创新、成果转化和人才培养等。

第十章　经费预算

经费预算应按照国家、自然资源部和中国地质调查局有关要求编写。

设计附图

预研究地质图、工作部署图等图件。

主要附图包括1∶50000设计地质图、1∶50000工作部署图及1∶50000遥感解译地质图，根据填图目标需要编制1∶50000基岩地质草图。

第四章　野外填图施工阶段

森林沼泽浅覆盖区地质填图涉及多种技术方法的综合，故在野外填图施工阶段应按不同的工作内容合理、有序地安排不同的工作手段，总体的原则为遥感解译、航磁反演优先安排，以地表地质填图调查为重点，结合物探、化探和遥感解译的成果，有重点地安排路线地质调查、重点露头地质现象观察以及剖面测制等工作手段。利用能量色散 X 射线荧光分析的快速、高效性获得地球化学分析数据，利用数据反演地质体，确定地质体、异常体等工作对象。利用以钻代槽进行必要验证，综合整理分析进行野外地质图的填绘及矿产勘查工作。

第一节　野外填图施工技术方法

一、地质填图工作方法

地质填图工作涉及地物化遥多种方法的结合及综合分析，叙述如下。

（一）遥感地质地貌解译

遥感影像解译优先于地表地质调查，其主要成果对于工作区内地质地貌，不同的影像单元的空间分布以及区内重要的线、环形构造具有较好的识别效果，所以在野外地表地质调查之前应发挥其宏观识别地貌类型及构造的优势，为地表地质调查提供工作重点地段。

（二）航磁数据反演

应用 1：50000 航磁数据，通过化极及水平方向求导等手段进行深部地质体及地质构造的解译，通过插值切割等方法进行磁性体的划分，进一步查明近地表不同磁性体的类型及空间分布，进而对区内磁性地质体的分布有宏观的了解，该项工作也应优先于地表地质调查，与遥感地质解译同步进行，二者各有优势且互为验证、互补。

（三）地表野外地质验证

野外地表地质调查是野外填图工作阶段的重点，主要包括路线地质调查以及实测剖面测制工作，以前期遥感地质解译及航磁反演成果为基础，开展有目的的路线地质调查及验证。

在森林沼泽浅覆盖区，地表地质调查应重点突出区内地貌及覆盖层特征，且针对高纬寒冻地带出露的第四系冰缘冻土地貌的类型、覆盖层类型及物质组成进行细致描述，在查明覆盖层的基本地质结构及物质组成的基础上，揭示其下伏基岩的地质特征，填绘基岩地质图。

在详细的路线地质调查工作后，开展野外地质连图工作，对工作区内出露的填图单元分布及岩石组合特征进行全面分析，确定实测剖面位置开展剖面测制工作，主要查明填图单元中微观地质特征及产出状态，在该阶段，应用浅钻施工配合少量剥土、槽探工程，查明不同填图单元的接触关系，从而建立工作区内沉积、岩浆等演化序列。

（四）地球化学数据反演

在森林沼泽浅覆盖区 1∶5 万土壤地球化学测量及其数据反演是地质填图过程中重要的工作手段，依据土壤与基岩成分的继承关系推断覆盖层下伏基岩的地球化学成分，进而判断岩石类型。在野外施工过程中，1∶5 万土壤地球化学测量采取平均布设点位的方式（8～12 点 /km^2）的样品应采集于 B 层之下、C 层之上，采样介质为含岩屑的黏土，以保证其与基岩的继承性，在样品测试过程中，在野外搭建能量色散 X 射线荧光分析仪样品分析基站（包括碎样、烘干、分析测试），在样品采集、初加工后即可在分析基站中进行土壤样品的分析测试工作，共计分析 As、Sb、Hg、Ba、Cr、Cu、La、Mn、Nb、Ni、Pb、Sr、Ti、V、Y、Zn、Zr、Co、Mo、W、Bi、Th、U、Sn、Ag、Au、Al$_2$O$_3$、CaO、Fe$_2$O$_3$、K$_2$O、MgO、Na$_2$O、SiO$_2$ 等 33 项元素，该项工作可在土壤样品采集的同时进行，改善实验测试周期长的弊端，以期能更快地开展地球化学数据反演工作，为野外地质体的划分及界线限定提供地球化学成分依据，极大地提高野外地质填图精度及工作效率，缩短野外工期。

二、矿产勘查工作

多数森林沼泽浅覆盖区位于重要的成矿带之上，所以矿产勘查工作也是该类型的地质地貌区的重要地质工作。在 1∶5 万土壤地球化学测量异常圈定的基础上，选定异常规模、强度较大，浓集中心明显的异常或异常有利地段，选定异常查证区或综合物化探异常体开展矿产勘查和验证工作。灵活采取 1∶1 万或 1∶2 万的面积性土壤地球化学测量以及高精度磁法、激电中梯等有效勘查方法，配合以钻代槽，追索矿（化）体，探讨区内成矿地质规律。

第二节　填图技术方法有效组合选择

一、填图技术方法有效组合选择的基本原则

森林沼泽浅覆盖区露头极少，基本为全覆盖，以往应用转石填图法填绘的地质图准确

度不高，且地质信息少，地质体划分依据缺少，加之大兴安岭地区属全国重要的金属成矿带，自然地理条件极大地制约了地质找矿工作，所以选择有效的技术方法，保证地质填图精度，创新成果表达方式，形成面对多目标的服务成果是填图的根本目的。但地质、物探、化探等单一勘查手段均有局限性，所以针对森林沼泽浅覆盖区的特殊地质地貌条件，选择地物化遥多元数据融合方法，克服单一方法弊端，针对地质体划分、地质界线的确定、构造识别等不同的目标地质问题分别采取不同的技术方法组合。

（一）技术方法组合选择的基本原则

（1）目标任务优先。首先考虑围绕填图目标任务选择有效技术方法。

（2）有效性试验。方法组合的选择应建立在方法实验的基础上进行，通过方法试验，选择和确定能有效识别岩性、构造等要素的技术方法组合。

（3）经济性。技术方法选择既要考虑技术方法的有效性，又要考虑技术方法的经济性。

（4）适用性。所选择的技术方法组合不一定适用于所有的地质问题，应针对不同的地质特征及拟解决的地质问题采取不同的技术手段。

（5）周期性。一般地质调查项目周期为 3 年，技术方法组合的实施应相对快捷、周期性短，不影响整体工作安排。

（二）技术方法组合有效性的标准

（1）方法组合要有可靠的技术参数，符合相关技术规范要求。
（2）方法的实施能实现任务书要求的目标任务。
（3）方法组合的实施能满足填图精度要求、创新图面表达方式。
（4）方法组合的实施能区分不同岩性、构造及含矿地质体。
（5）方法组合的实施能合理、正确划分填图单位。
（6）方法组合具有实用性和适应性。

二、地质填图工作

（一）物化遥多元数据反演解译

遥感解译：搜集多波段、多数据源的遥感数据，包括 ETM、SPOT 6、ASTER 高分一号、高分二号等进行影像融合处理，通过遥感影像的地质解译了解研究内构造框架、地质体类型和空间分布，同时对各地质填图单元内部进行细致刻画，重点突出其对不同地貌类型解译，确定路线地质调查重点地段，所以遥感地质解译是地质调查的前提和基础。

航磁反演：利用 1：5 万航磁数据，通过化极及方向求导、插值切割法、数据均值、方差等变量统计后，进行磁性体的划分以及工作区构造格架的建立工作，其初步的数据处理成果刻画了工作区内不同磁性体分布特征，该项工作也为地表路线地质调查提供重要依据，其解译的填图单元及构造是野外路线地质调查的重要验证内容。

土壤数据反演：利用1:5万土壤地球化学测量数据进行岩石成分及类型判别，进而划分地球化学单元，同时对浅部构造进行判别，为填图单元的划分提供地球化学依据。在土壤样品分析过程中应用能量色散X射线荧光分析，以便能更快地开展土壤数据反演工作指导填图单元划分。

值得指出的是：上述的三种技术方法各有优势和弊端，如土壤地球化学反演对于岩石成分的判别是较好的方法，但对于成分类似岩石（如流纹岩、花岗岩等）则难以识别，但两种岩石构成的填图单元在遥感影像中呈现不同的地貌特征，故需要从遥感解译成果中将二者区分开来。此外物化遥反演解译为地表地质调查提供依据和基础，同时地质调查成果为反演解译结果进行野外验证，二者相辅相成，紧密相连。

（二）区域地质调查工作

路线地质调查：在详细的遥感解译、航磁反演的基础上进行地质路线调查，以目标地质要素为导向进行填图，以解决地质问题，检查修正遥感解译结果为目的，避免机械按网度布设路线，要特别重视地貌调查，包括地貌类型、形态及其地貌蕴含的地质信息。同时在路线中对不同成因的覆盖层加以区分，并进行细致的野外观察，并查明其空间分布、物质组成等特征。

重要露头地质观察：路线地质调查往往按照一定的网密度进行，容易遗漏一些重要的露头地质观察点。除路堑露头外，在工作的过程中，应及时搜集和整理一些露头点的地质现象。尤其是发挥其在确定填图单元界线、构造现象获取、矿化蚀变指示以及代表性样品采取等方面的重要作用。

实测剖面：以路线地质调查为基础，开展地质连图工作，确定各个填图单元岩石组合出露较为齐全、山脊等覆盖层较薄、工程揭露易达到基岩的地段布设实测剖面，查明填图单元的微观特征及产状，在剖面测制过程中应侧重不同部位覆盖层的厚度及物质组成变化，为探讨区内覆盖层特征提供野外一手资料。

以钻代槽：受森林沼泽浅覆盖区自然地理条件以及交通情况影响，以钻代槽工作主要应用于实测剖面过程中，主要用于剖面测制过程中岩性组合的控制，且在地质体接触关系配合少量槽探揭露，揭示不同地质体之间的相互关系。

样品采集和测试分析：系统采集锆石年龄、大化石、微体古生物化石、薄片、地球化学、同位素样等；测试样品的目的要与设计要求的一致；第四系剖面中采集孢粉、测年等样品。

三、矿产勘查工作

（一）面积性物化探工作

矿产勘查工作是在1:5万土壤地球化学测量成果的基础上，选择出露较好的异常开展面积性异常查证工作，主要包括1:1万（网度100m×20m）或1:2万（网度

200m×40m）土壤地球化学测量及高精度磁法、激电中梯测量，查明异常查证区内成矿元素的分布规律以及磁性及激电异常，依据物化探成果综合分析，选定成矿的有利地段。

（二）以钻代槽

在选定成矿的有利地段之后，应用浅型取样钻机进行异常的查证工作，追索矿（化）体，探索查证区内成矿地质规律，同时达到矿产勘查与生态环境协调的目的。

（三）能量色散 X 射线荧光分析

在面积性土壤野外样品采集的过程中，在野外开展能量色散 X 射线荧光分析样品分析工作，能大大缩短实验测试周期，以期能尽快开展异常圈定工作以及查证工作。

第三节　原始资料整理及野外验收

一、原始资料整理

当日采集的文字记录数据、照片、图件和实物等原始资料，必须进行当日资料整理。内容包括：野外录入数据的系统性和地质观察内容的齐全性和正确性，并形成质量检查记录；每条野外地质调查路线和实测剖面数据采集结束后，对各种地质界线进行校正，经数据检查后，形成野外手图数据库；各类实物标本和测试、鉴定样品须进行清理、筛选和妥善保存，严防污染。

每个填图单位经过野外调查、遥感解译及验证工作结束后应进行阶段资料整理，年度工作结束后应进行年度资料整理。内容包括：

（1）野外录入数据的系统性和地质观察内容的齐全性和正确性，并形成质量检查记录；

（2）对各种原始资料进行系统检查与记录，分析工作精度和质量，对存在的问题及时采取补救措施；

（3）野外数据采集器中要入库的地质调查路线和实测剖面等数据，必须先通过数字填图系统的数据检查后逐条录入图幅数据库中，形成实际材料图数据库和剖面数据库；

（4）野外分片完成的实际材料图数据库和剖面数据库，进行系统接图，逐渐形成实际材料图数据库和地质草图数据库；

（5）完善各种数据库，核实野外调查路线、素描图、照片、录像、各类样品采集与测试分析等资料的吻合程度；

（6）处理遥感影像数据，进行地质解释，编制遥感解译基础图件、成果图件和工作总结；

（7）整理分析实测剖面资料、各种样品测试鉴定资料，编制柱状对比图，编制地质剖面图；

（8）确定地层综合对比标志和编图地质单位，编制综合地层柱状图及其他必要的辅助图件；

（9）编制阶段性工作总结或年度工作总结。

完成野外全部工作后，项目组应系统地检查、整理各阶段资料，完善地质草图和阶段性工作总结，经项目承担单位复核后提交野外验收。

二、野外验收

野外验收应提供的资料：

（1）任务书、设计书及其相应的图件、评审意见、审批意见等；

（2）野外地质调查路线、野外手图、实际材料图、地质剖面等数据库，以及野外调查记录本；

（3）各类样品测试鉴定采（送）样单，以及主要测年样品的测试分析结果和其他70%以上的测试鉴定数据和图表；

（4）野外调查手图、地质剖面图、系列遥感解译图、实际材料图、地质图；

（5）典型的岩石、化石等标本；

（6）野外区域地质调查简报、阶段性总结报告，以及各级质量检查记录资料。

野外验收应着重检查如下内容：

（1）总体设计任务完成情况；

（2）技术方法的实用性和适应性，方法组合的实施是否能区分不同岩性、构造及特殊地质体，方法组合的实施是否能合理、正确划分填图单位；

（3）原始资料及文图吻合程度；

（4）不同地质地貌区野外调查程度；

（5）地质草图的正确性和图面结构合理性等，是否符合填图精度要求与相关规范要求；

（6）项目质量管理情况。

验收过程包括原始资料的室内检查和野外实地抽查，检查和抽查内容应覆盖主要的工作手段。原始资料的室内检查比例不应少于5%。地质调查路线或地质剖面抽查视每个图幅工作量设置情况而定。

经资料检查和野外实地检查后，由专家组形成野外验收意见书。意见书要对主要实物工作量完成情况、工作方法和精度、原始资料质量及其控制情况、取得的成果、存在的问题做出全面客观的评价，提出需补充调查工作的内容和意见等。

第五章 综合整理及成果出版阶段

按照相关技术规范要求，包括资料综合整理，测试数据的综合分析，各种地质图件编制，数据库建设、三维地质建模（可能的）、报告编写以及资料归档汇交和成果出版发表等。

一、各类地质图件编制

整理地表路线地质调查、剖面实测、地球物理勘探、地球化学勘探和钻探等系列工作，编制实际材料图，在图面上标注地质观察的点、线等要素，以及在此基础上各种岩石和矿石样品的采集点、化石采集点、探矿工程及实测剖面等的位置和编号、主要地质界线及其他地质现象等。此外还应在图面上标注异常查证区位置。

综合地质、地球物理、地球化学和钻探等野外调查和室内分析资料，基于 MapGIS 平台，完成基岩地质图、矿产图及其他各种物化探原始数据及各种异常图，形成成果审查图件。

二、成果报告编写及评审

1. 成果报告编写

对填图工作及成果进行系统总结，编写最终成果报告。调查报告中要论述项目解决的重大基础地质、矿产问题等，取得的主要成果要客观地反映不同的技术方法或者技术方法组合的实施情况，并对技术方法可行性及有效性进行评价；要求内容翔实、证据充分。

2. 成果报告评审

（1）成果评审一般在野外验收后 6 个月内完成，由项目主管部门组织评审。

（2）成果评审时应提供成果图件、报告、模型和数据库，以及项目任务书（合同书）、设计书、野外验收意见与审批文件、项目承担单位的初审意见书等。

（3）成果评审通过后，项目组应按成果评审意见进行修改，并报项目主管部门审核认定。

三、数据库建设

按中国地质调查局《地质图空间数据库建设工作指南》、《数字地质图空间数据库标准》（DD 2006-06）的要求，完善原始数据资料数据库（含实际材料图数据库）和成果图件空间数据库。

四、资料汇交归档与报告出版

1. 资料归档

包括原始资料归档及成果资料归档，其中原始地质资料立卷归档按照 DA/T 41—2008 要求执行，成果地质资料一般包括区域地质调查报告、成果图件、成果数据库、原始资料数据库等，应在成果报告评审后 6 个月内汇交，具体按照《成果地质资料管理技术要求》（DD 2010-06）执行。

2. 报告出版

成果报告按相关要求排版后，进行出版。

第六章 成果表达与填图人员组成建议

第一节 成果表达建议

浅覆盖区1：5万区调图件主要有1：5万地质图、矿产图、物探磁性体分类图及反演图、化探地球化学块体分类图及反演、遥感解译验证图及综合信息地质图。根据实际情况，可考虑添加浅覆盖区类型分类图、露头统计及浅钻验证图等图件。

一、1：5万区域地质图

1. 1：5万地质图编制原则

根据自然地理、交通、研究程度不同将工作区（图面）划分为不同填图精度区，一般为三类：

（1）正常填图区，指交通情况一般或较好的区域，地质体圈定原则如下：

①地质图上只标定直径大于50m的闭合地质体，宽大于25m、长度大于50m的线状地质体及断层、褶皱构造。

②地质图上不表示基岩区面积＜1km^{2}及沟谷宽度＜100m的第四系。

③具有一定延展性、宽度＜50m的线状地质体，在图面上可以不封口表示，延展长度以地质点为中心两侧延伸总和为250m。

④分布面积虽小但具有特殊意义的地质体可放大表示。

（2）信息丰富区，一般交通情况较好，工作研究程度高，或前人1：5万区域地质调查研究区，其地质体标定原则为：

①长宽等指标均为正常区的2/3。

②直径大于100m的闭合地质体，宽大于50m、长度＞100m的线状地质体应在图面标定。

（3）简单工作区：该区交通极为不便，故以物化遥综合方法为主，辅以实地调查的填图方法，该区的地质体标定尺度相应放宽为正常区的4/3，即：地质图上只标定长度大于100m的线状地质体，长度大于250m的断层、褶皱构造。

不表示：基岩区面积小于1km^{2}及沟谷宽度小于100m的第四系。

2. 地质图上地质界线的表达方式

（1）实测地质界线，有剖面、露头或工程控制的野外实测的地质界线，在1：5万地质图上用粗实线表示，推测的地质界线可用稍细的实线表示。

（2）确定的地质界线，指有路线控制并通过物、化、遥等综合方法验证确定存在的地质界线。用实线表示。

3. 其他界线的规定

（1）沉积岩、火山岩的岩相（岩性）界线，用点线表示，同时不用岩性花纹而用岩相代号。

（2）中生代火山岩各组之间为喷发不整合关系，所以地质图上不用不整合界线表示，而用整合的实线来表示。

（3）侵入岩按填图单元填制的地质图上，以合理的岩性组合、岩相划分来表达，有重要界线或意义的填图单元间用实线表示。

4. 高精度研究区与外围接图问题的规定

主要地质界线接图，小面积的地质体界线则终止于图框边。

二、矿产地质图

主要体现地质、矿产及成矿规律、矿产预测等内容。

1. 地质内容的表示

以编制完的 1∶5 万地质图、地质构造纲要图等为地质底图，不着色。

2. 矿产内容的表示

主要包括地球化学组合或综合异常、重砂异常、放射性异常等，对这些异常进行综合分析研究，找出与成矿及地质内容相关的异常，并进行分级组合或综合，以特定的花纹和符号表示在图上。而已知的矿区、矿床、矿点、矿化点按 1∶5 万国标图例标定在图上。

3. 成矿规律及成矿预测

在综合已知矿床（点）的类别、储量、矿区地质条件、区域地质构造的前提下，划分出Ⅰ、Ⅱ、Ⅲ级成矿远景区。在综合分析地质构造、矿产分布、成矿远景区的基础上，进行成矿带的划分，进而进行成矿预测。此部分是矿产地质图的核心部分，应在图上重点表示。

三、物化信息块体图及反演地质图

地质体是综合信息的载体，填图过程中突出地质调查验证作用，同时重点探索多元数据解译、反演单元与地质体的内在联系，以期准确获取地质体属性。在计算机平台上应用相关软件进行多元数据处理及分类计算。

1. 物探磁性体分类图及反演图

（1）磁性体分类图的绘制主要依据以下原则：

①参考 1∶5 万化探每平方千米 8～12 个点的采样密度，对航磁数据采用每平方千米

16 个统计单元的网格进行划分，即按照 250m×250m 进行单元格划分，然后对每个单元格进行统计分析，转化为特征参数。

②对于网格数据划分方法进行了调整，不再采用滑动平均方法，而是采用对各单元格逐个扫描统计分析的方案，排除了周边数据对单元格统计结果的影响。

③在各单元格特征参数计算好后，采用 Minitab 软件中的 k 均值聚类分析对各单元格进行聚类分析。对分类方案进行调整和测试，分类结果无大差异，说明区域内不同地质体单元的磁性差异较大，地质体磁性单元划分结果可信度较高。

④对分类结果按照 1km^2 以上单元体划分的原则，多于 6 个相邻同类点的划分为一类，标识出来。

处理完的图中同一颜色为磁性表现相同的地球物理单元，可在填图时参考。单元图是根据分类图解释、归并后绘制。

（2）磁性体反演地质图的绘制参照以下原则和步骤：

①依据岩石间的磁性差异规律，参照统计方法，确定具有地质意义的统计变量及其数学表达式。

②在确定了统计单元的前提下，对每个单元利用插值切割法获取的指定层位的磁异常数据进行统计计算，获得各单元磁性分布规律。

③在地质先验的前提下，确定研究区内研究程度较高的已知成矿区域磁性分布规律参数，将其作为标准参数。收集填图单元标准样品的物性测试的数据，建立有标准样品监控的磁性单元分类方法。

④求解各单元与已知地段的相似度，可以采用的数学方法有很多，如相关分析、判别分析、人工神经网络方法、灰色关联度分析等。最后，绘制相关系数的等值线图，根据地质工作经验，在计算的层位上，确定关联度大于某值的区域为可供参考的单元区。

利用已知信息实现"磁性体单元"向地质填图单元转化，绘制磁性体反演地质图。对于磁性体反演地质体的结果需要结合多专业成果进行解释。

2. 化探地球化学块体分类图及反演图

（1）反演基岩化学成分及碎屑矿物。利用传统实验室或 X 射线荧光快速分析仪进行全区 1∶5 万地球化学测量（水系沉积物或土壤）数据准备。利用软件进行数据检查和分类投图，一般会形成长石号码分类图和火山岩岩类分类图，以及不同元素组合的分类图。

（2）化学单元体反演地质图：

①据分类图进行初步的地球化学单元识别，参照遥感、物探及地质界线进行合理归并，同时识别出典型的构造信息。

②按照地球化学单元的复杂程度，由简单到复杂、由典型到一般进行反演地质体的特征总结和归类。

③根据归类特点进行反演地质体的推断，形成反演地质图。

四、遥感解译验证地质图

利用遥感图像识别、提取、解译划分各岩类，建立地层层序，在地质构造方面，对线状、环状、块状影像进行识别解译断裂及褶皱，提取矿产信息，指导找矿。解译出的地质成果通过野外验证就可以成为基础地质资料。

（1）遥感解译图的绘制参照以下原则和步骤：

①资料收集。区调中应尽可能收集多种类型、多种时相的航天、航空遥感图像、数据。一般应有地面分辨率优于 5～30m 的航天多波段遥感图像、数据和比例尺大于 1∶5 万的航空摄影图像。

②初步进行图像特征及解译能力分析，选择合适的解译方法，解译工作主要包括影像填图单元的划分及界线确定、构造影像解译、构造的确定，以及其他地质、地貌的解译。形成遥感特征解译图及表，对全区的填图单元及构造特征进行编号和解释，形成构造卡片，绘制遥感解译图。

（2）遥感解译验证地质图的绘制参照以下原则和步骤：

①对填图工作中进行的路线验证进行整理，填写验证卡片。

②根据解译标志、影像特征及验证记录重新调整解译内容，形成遥感解译验证地质图。

五、综合信息地质图或图集

由于物、化、遥多元信息反演成果多具有多解性，所以对于物化遥综合信息解释往往能更为准确地圈定地质体边界及确定地质体的属性。值得指出的是，物化遥数据反演解译成果的准确性均应以地质验证成果为唯一标准，在综合地质、物化遥数据反演成果的基础上编制综合信息地质图。

第二节　填图人员组成建议

一、专业构成

森林沼泽浅覆盖区填图项目涉及多学科综合研究，参与人员除须具备扎实的专业知识外，还要具备地质学、地球物理、地球化学、遥感地质、地理信息系统等多专业的融合和交流能力，不同专业学科间的沟通、配合尤为重要。

二、人员组成

以四幅联测为例，提出以下人员安排建议（表 6-1）。

表 6-1　子项目人员组成建议表

序号	岗位	人数	专业	职责
1	项目负责	1	地质学	负责全面工作，协调各方面关系
2	技术负责	1	地质学	负责全面技术工作，各项成果汇总分析
3	地质填图技术人员	8	地质学	分为 4 组，每组 2 人，共计 8 人，包含地层、侵入岩、火山岩、构造、矿产、第四系等方面的野外施工、资料整理及成果总结
4	浅钻编录	4	钻探及地质学	负责野外浅钻施工及编录，可安排地质人员跟进
5	化探人员	5	地球化学	负责野外样品采集、加工、资料整理等工作
6	地球化学反演	1	地球化学	负责土壤数据的反演工作
7	地球物理反演	2	地球物理	负责航磁数据的反演工作
8	遥感解译	1	遥感地质	负责遥感数据解译
9	X 射线荧光分析	2	仪器测试	负责野外 X 射线荧光快速分析工作
10	数据库	1	地质学	负责数据库建设

第二部分　大兴安岭松岭区 – 新林区
森林沼泽浅覆盖区填图实践

第七章　工作区概况

第一节　位置及自然地理

工作区位于黑龙江省西北部伊勒呼里山及其南麓，行政隶属大兴安岭地区新林区、松岭区，面积 1360km²。主要涉及四个 1∶5 万标准图幅——望峰公社幅（M51E005017）、太阳沟幅（M51E005018）、壮志公社幅（M51E006017）、二零一工队幅（M51E006018），地理坐标：东经 124°00′～124°30′、北纬 51°00′～51°20′。

工作区为寒温带季风性针叶林大陆性气候，每年 1 月受蒙古高气压影响，盛行西北风，7 月受太平洋副热带高气压影响，盛行东南风。年均气温 –1.22℃（何瑞霞等，2009）。1 月平均气温大致为 –25℃，最低达 –40℃以下，最高气温达 37℃。年均降水量大致为 400～600mm，夏季短暂湿润多雨，多集中于 7～9 月，降水量占全年的 80% 左右，无霜期仅 80～90 天。气温年较差、日较差大，具有雨热同季的特点。每年 10 月至翌年 5 月为冻结期，长达 7 个月。区内多年冻土发育，季节融化深度为 0.5～1m。春季多大风，气温回升快，融雪迅速。

工作区为低山与中山的丘陵山地地貌和高纬寒冻侵蚀气候地貌类型，此外由于工作区位于 48°N 以北，冰缘（冻土）地貌发育。区内地势起伏较大，伊勒呼里山分水岭呈东西向蜿蜒逶迤于北部，山峰海拔一般在 763～1100m 之间，位于西北部的最高山峰海拔 1119m（可参照全国地形地势图）。区内其他山峰一般在 662～1000m，依次向南递降，最低处为南界多布库尔河河谷，海拔 466～523m，高差可达 160～620m。工作区水系以伊勒呼里山分水岭为界，北为黑龙江流域塔河二级水系及其支流，南为嫩江流域多布库尔河三级水系及其支流小海拉义河、大海拉义河、嘉拉巴奇河、库楚河等。

工作区属于落叶松林植被类型，树种较为单一，以针叶松类为主，桦、杨阔叶树类较少；土壤属于山地棕色针叶林土，植被属于寒温带针叶林灰化土地带的南缘。因此，工作区只适于种植土豆、白菜等少数经济作物。

工作区交通条件一般，大兴安岭石油管线伴行公路和双线公路除沿嘉拉巴奇河和多布库尔河谷通过外，还有加格达奇—漠河铁路和公路北南向经过新天、壮志、大扬气林场，有太阳沟、伊南工区、新天和劲松四个小车站，每年 7～8 月雨季时，砂石路通行困难。区内居民较少，多从事林业和采摘山货。工作区常年防火，且在每年冰雪融化后枯草落叶最易点燃的时期防火最严，每年春、秋季防火期一般为 3 月 15 日至 7 月 15 日，9 月 15 日至 11 月 15 日，时间段依据降雨或降雪情况而定。2014 年大兴安岭林区开始实行严格入山准入和明令严禁剥土揭露的工作制度，林区重要道路常年设卡，防火与护林工作日趋严格，地质矿产调查与生态保护工作存在一定矛盾和对立。

第二节 覆盖区填图目标及调查内容

本次工作拟以地表地质调查、物化遥综合反演、X 射线荧光快速分析以及浅钻相互辅助、验证的方法组合研究来开展填图工作，总结森林沼泽浅覆盖区 1：5 万区域地质调查填图实践所采用的技术方法组合及技术流程。根据研究区地质填图的基本工作目标和内容，工作主要包括以下几方面：

（1）对试点图幅的覆盖层进行了较系统的调查，基本查明了工作区覆盖层的分布特点，验证大兴安岭地区传统采取坡积碎石转石填图的合理性；遥感解译在区分第四系松散堆积物方面的作用，并尝试对冻土地貌进行对应解译。采用基岩区相类似的工作方式开展区内零星露头、路堑等地质信息的观察和调研，并获取相应的样品。为填图单元的确认、厘定与成果表达，分析地表覆盖物地质结构，探讨残坡积融冻物形成机制等工作奠定基础。

（2）根据浅覆盖区 1：5 万区调填图工作的特点，采取新的方法组合进行多元信息识别、建立联系和反演，尝试性地编制了相应磁性块体、地球化学块体、遥感解译单元及反演验证图件。将拟解决的地质问题进行细化和分解，充分发挥每种方法对各类地质体解译的优势，初步总结了地质体边界确定、构造识别、火山机构及火山岩相划分、侵入岩期次以及覆盖层特征拟采用的技术方法组合。

（3）利用 1：5 万航磁数据，利用磁异常强弱、范围、极值、异常跳动幅度、数据（异常）分布形态等多个参数，通过聚类分析、判别分析、相关分析相结合的方法，获得地表 500m 以内地质体的磁性叠加场，尝试采用切割法处理数据进行磁性体的划分。

（4）利用 1：5 万土壤地球化学测量数据进行反演工作。依据土壤与基岩成分的继承性进行地球化学单元的划分，推断浅部构造。编制地球化学推断地质图。

（5）对比能量色散 X 射线荧光分析仪器与实验室分析仪器的测试数据，确定能量色散 X 射线荧光分析仪器在地质填图过程中的可靠性和可用性。开展以钻代槽的工作，验证其在对岩性的准确控制、矿化蚀变的追索等方面的优劣。

（6）采用地球化学及其他异常相结合的方式开展地质矿产方面的工作，为异常获取、筛选、验证和靶区确定奠定基础。

第三节 技术路线及工作流程

覆盖区地质填图各阶段工作特点和流程明显区别于基岩区，不同类型覆盖区地质填图各阶段工作特点和流程必然有所不同。

对于森林沼泽浅覆盖区地质调查来说，首先，必须充分利用仅有的露头开展类似于基岩区工作方式的调查工作。其次，按照工作要求采取常规和地、矿、物、化、遥相结合的填图工作方法，查明工作区成矿地质构造背景和成矿特征，突出地球化学、地球物理以及遥感等专业手段在地质填图中的方法研究。再次，在航磁反演及遥感解译的基础上，明确地质调查及验证重点，优先安排1：5万区域地质填图调查，在此基础上进行矿点概略性和重点检查。同步开展1：5万土壤地球化学测量工作，开展地球化学反演工作，重点对区内地质体成分变化趋势进行细致研究，同时甄别部分浅部构造，在样品分析过程中重点突出能量色散X射线荧光分析快速高效的特点，尽快开展异常圈定以及土壤地球化学反演工作。最后，辅以以钻代槽、能量色散X射线荧光分析和图面表达等综合手段，逐步总结出一套适合森林沼泽浅覆盖区1：5万区域地质矿产调查和林区生态环境保护并举的综合填图与找矿方法。基本技术路线及工作流程见图2-1。

同时，对圈定的重要1：5万土壤地球化学异常和矿（化）点结合地质背景择优选择，开展异常查证工作，采用1：2万地质简测、1：2万土壤地球化学测量、1：2万高精度磁法测量、1：2万激电中梯测量等综合地质、物探、化探等多元方法对异常进行查证，圈定成矿有利地段，对发现的矿点、矿化蚀变带、物化探异常采取路线追索检查的方式进行检查，必要时或在重点异常区、重要矿化蚀变带布设轻型山地工程揭露，并系统采取化学分析样品。同时在区内已发现的矿（化）点直接进行少量验证工作，为下一步地质找矿工作提供靶区。

浅钻工程主要应用于实测剖面及异常查证工作，主要部署在重点剖面、重点异常区检查、路线地质调查和综合剖面中发现的矿点或矿化点以及填图单元的接触部位。

突出不同专业和学科对填图工作的指导作用，从已知到未知的工作方针。确定需要解决的关键地质问题，根据基本目标和调研内容的要求，贯彻以往资料研究—物化遥综合解译—地表地质调查—关键地质问题解决—钻孔验证—再解译或验证相结合的工作思路开展系统工作。

第四节　主要实物工作量投入

按照项目任务重点开展以下几项工作：采用地、物、化、遥、工程揭露等多种工作方法与技术手段开展方法试验，探索、总结森林沼泽浅覆盖区1：5万地质填图技术方法和图面表达方式。查明区内地层、岩石、构造、矿产等特征，加强区内构造变形及新林 – 环宇构造混杂岩带的时代归属调查与研究。开展物、化、遥综合解译，圈定化探异常；开展重要异常查证与评价，初步查明引起异常原因，为地质找矿提供信息。主要安排实物工作量见表7-1。

表 7-1 主要实物工作量表

	工作内容	单位	总计	2014 年	2015 年	2016 年	已完成	比例 /%	备注
区域地质调查	1：5 万区域地质调查（实测）	km²	1360	370	800	190	1360	100	
	1：5 万土壤地球化学测量	km²	964	324	640		964	100	
	1：2.5 万地形图矢量化	幅	16	16			16	100	
	1：2 万土壤地球化学测量	km²	15		15		15	100	200×40
	1：2 万测网	km²	15		15		15	100	200×40
	1：2 万高磁测量	km²	15		15		15	100	200×40
	1：2 万激电中梯测量	km²	5		5		5	100	200×40
	1：2 万地质简测	km²	15		15		15	100	200× （80～120）
1：2 万加密区	1：2 万土壤分析样品	件	2081		2081		2081	100	Au、Ag、As、Sb、Bi、Cu、Pb、Zn、W、Mo、Sn
	原岩光谱样	件	30			30	30	100	Au、Ag、As、Sb、Bi、Cu、Pb、Zn、W、Mo
	化学样	件	20			20	20	100	Au、Ag、Cu、Pb、Zn、W、Mo
	实测地质剖面测量（1：2000）	km	7	1	2	4	7.1	101	含地、物、化综合剖面
	修测地质剖面测量（1：2000）	km	3	1	2		3	100	
	实测地质剖面测量（1：5000）	km	11	2	4	5	12	109	
	修测地质剖面测量（1：5000）	km	9	4	5		10.3	114	
	实测地质剖面测量（1：10000）	km	35	5	10	20	37.9	108	
	修测地质剖面测量（1：10000）	km	30	10	20		30	100	
样品分析	原岩地球化学分析样品	件	200	100	100		200	100	分析 33 种元素
	硅酸盐分析样品	件	85	10	60	15	85	100	
	稀土元素定量分析样品（15 项）	件	85	10	60	15	85	100	
	微量元素定量分析样品（16 项）	件	85	10	60	15	85	100	

续表

	工作内容	单位	总计	2014 年	2015 年	2016 年	已完成	比例/%	备注
样品分析	1：5 万土壤分析样品	件	7725	2850	894	3981	7725	100	
	X 射线荧光分析仪样品测试	件	4765	2850	1915	0	4765	100	
	大剖面土壤样	件	221	221			221	100	
	薄片鉴定样品	件	1200	400	600	200	1200	100	分析 33 种元素
	古生物大化石鉴定	件	5		5		0	0	
	古生物微体化石鉴定	件	5	2	3		0	0	
	锆石 LA-ICP-MS U-Pb 测年	件 / 点	17/340	5/100	12/240		17	100	
	标本物性测量	件	600	600			600	100	5 参数
方法研究	地物化遥综合剖面	综合剖面测线布设（1：2000）	km	2	1	1		2.9	145	20m 点距
		综合剖面测线布设（1：5000）	km	5	3	2		6.5	130	50m 点距
		综合剖面测线布设（1：10000）	km	8	5	3		8.9	111	100m 点距
		激电中梯综合剖面（1：2000）	km	2	1	1		2.9	145	20m 点距
		激电中梯综合剖面（1：5000）	km	5	3	2		6.5	130	50m 点距
		激电中梯综合剖面（1：10000）	km	8	5	3		8.9	111	100m 点距
		高精度磁法综合剖面（1：2000）	km	2	1	1		2.9	145	20m 点距
		高精度磁法综合剖面（1：5000）	km	5	3	2		6.5	130	50m 点距
		高精度磁法综合剖面（1：10000）	km	8	5	3		8.9	111	100m 点距
	地物化遥综合剖面	土壤地球化学综合剖面（1：2000）	km	2	1	1		2.9	145	20m 点距
		土壤地球化学综合剖面（1：5000）	km	5	3	2		6.5	130	50m 点距
		土壤地球化学综合剖面（1：10000）	km	8	5	3		8.9	111	100m 点距
		土壤分析样品（1：2000）	件	280	160	120		410	146	
		原岩分析样品（1：2000）	件	280	160	120		410	146	
		浅钻	m	1915	390	1275	250	1941.5	101	

续表

	工作内容	单位	总计	2014 年	2015 年	2016 年	已完成	比例/%	备注
方法研究 / 综合方法研究	1∶5 万物探航磁解译及验证	km²	1360	370	990		1360	100	
	物探软件研发	套	1		1		1	100	
	1∶5 万化探数据反演及验证	km²	964	324	640		964	100	
	化探软件研发	套	1		1		1	100	
	1∶5 万遥感解译及验证	km²	1360	370	990		1360	100	
	遥感解译数据购买	套	4	2	2		4	100	

项目根据绿色施工要求，未采取预设定的槽探方法，集中使用浅钻工作方法。项目样品分析基本按照设计进行。

第五节　具体工作部署

在本项目任务书下达后，项目承担单位组织了精干的地、矿、物、化、遥人员组成项目组，采取"遥感先导＋常规地质调查与重、磁、化填图方法和土壤元素快速分析＋浅钻验证"相结合的填图方法。并邀请吉林大学有关专家进行相关物探、化探、遥感数据研究及相关软件、处理流程的开发与应用。

本次在以往工作研究基础上，利用地球物理、地球化学以及遥感解译等专业技术的优势特点，点面结合优先安排 1∶5 万区域地质填图调查，突出地球化学、地球物理以及遥感等专业手段在地质填图中的方法研究，辅以以钻代槽、能量色散 X 射线荧光分析和图面表达等综合手段，以期摸索出一套在浅覆盖区开展地质矿产工作的有效方法组合。

在此基础上进行矿点概略性和重点检查。同步开展 1∶5 万土壤地球化学测量工作，对检查出的重要 1∶5 万土壤地球化学测量异常和矿（化）点结合地质背景择优选择，对异常进行查证，揭露和控制矿（化）体，探索区内成矿地质规律。

一、填图调查工作部署

基础地质填图需要针对填图单元开展大量的系统工作。地质体的岩性、物理状态、化学信息、地质现象特点、地质界线等系列工作与以往工作程度、信息的综合研究利用程度、现有资料的解译验证程度都有直接关系。同时，填图单元的野外调查和图面填绘与比例尺等网度要求有直接关系，经济性与质量效果直接联系。综合以上信息，森林沼泽浅覆盖区填图方法可通过地质体地、物、化、遥多元信息的综合分析利用，解决技术单一填图方法的不足，探索填图单元的更多内在联系，总结其综合特点，利用规律认识反映更为准确的填图信息填绘 1 : 5 万地质图。

1. 路线地质调查

路线地质调查是一种行之有效的重要区调填图方法之一，根据填图规定，路线布设采用穿越法为主，追索法为辅的方法，实际路线调查时还要参照碎石填图法，路线上没有基岩露头时，以拣拾残积碎石、坡积碎石作为路线填图的第一性资料。沿山脊布设主干路线为较好工作方法，但是单纯使用可信度低、信息量少。

对不同覆盖层类型进行路线控制，要密切结合遥感影像特征，特别是不同成因类型影像界线的观测和调查工作要结合影像的实际特点进行有目的性的追索或穿越。采用集中露头信息收集、物化遥信息综合、1 ～ 3m 浅覆盖区碎石填图以及 3m 以下适当工程揭露相结合的路线填图能提高精度和界线填绘的准确率。

根据以上要求开展系统的全区路线地质调查工作。

2. 剖面测制

剖面测制一般在路线填图初步确定填图单位后进行，必要时也可路线、剖面同时进行或剖面提前进行，其实施的主要目的为控制填图单元的岩性组合以及相互关系，同时，也可以在适当位置开展地质 – 化探 – 物探 – 遥感综合填图剖面。具体工作以 1 : 2000、1 : 5000、1 : 1 万等比例尺地质剖面为底，着重加强重要地质体的岩石岩性、物理电性、磁性、放射性等方面的综合研究。建立区内典型地质体特征在地球物理、地球化学和遥感数据与地质填图单元之间的桥梁作用。

在系统性路线地质调查工作的基础上，开展工作区内填图单元的剖面测制工作，每个填图单元有 1 ～ 2 条实测剖面控制，并采取相应的地球化学测试样品。

按照设计要求，进行了望峰公社等四幅区域地质调查。2014 年完成峰公社幅区域地质填图，2015 年完成壮志公社幅、二零一工队幅区域地质填图，2016 年完成太阳沟公社幅区域地质填图。完成地质路线调查 1201.4km、剖面 95km，硅酸盐、稀土元素、微量元素配套样品 85 套，薄片 1200 件，U-Pb 测年样品 17 件。在适当位置进行了浅钻施工验证填图单元岩性岩石组合。

二、矿产调查工作部署

工作区位于环宇 – 塔源蛇绿构造混杂岩带内北东向岔路口斑岩钼矿外围矿化集中区，结合遥感图像解译开展路线与路堑剖面调查工作，进行矿点概略性和重点检查。同步开展 1 : 5 万土壤地球化学测量工作，对检查出的重要 1 : 5 万土壤地球化学测量异常和矿（化）点结合地质背景择优选择，采用 1 : 2 万～ 1 : 1 万地质简测、1 : 2 万～ 1 : 1 万土壤地球化学测量、1 : 2 万～ 1 : 1 万高精度磁法测量、1 : 2 万～ 1 : 1 万激电中梯测量等综合地质、物探、化探、遥感等多元方法对异常进行查证，圈定成矿有利地段，以少量槽探工程揭露和控制矿（化）体。同时在区内已发现的矿（化）点直接进行少量验证工作，为下一步地质找矿工作提供靶区。

2014 年完成望峰公社幅 1 ∶ 5 万土壤地球化学 324km²；2015 年完成壮志公社幅、二零一工队幅 1 ∶ 5 万土壤地球化学 640km²。

在分析测试结果的基础上选择综合异常进行土壤异常查证，2016 年完成 1 ∶ 2 万加密区工作；其中，1 ∶ 2 万地质简测 15km²；1 ∶ 2 万地面高精度磁法测量 15km²；1 ∶ 2 万激电中梯测量 5km²；同步采集 1 ∶ 5 万土壤地球化学样品 6993 件；采集 1 ∶ 2 万土壤地球化学样品 1913 件（含重复样）；采集综合剖面土壤地区化学样品 378 件。浅钻施工共计 1941.5m。

三、地学多元数据利用部署

本次工作尝试采用物探、化探、遥感等多元信息融合反演地质体的技术为地质填图提供直接信息和支撑。

1. 地球化学数据反演

化探资料的应用与研究贯穿整个填图过程中，在立项研究即前期调研阶段，充分分析已有资料，应提供有关元素的区域地球化学场、异常、地表元素分布的指导性解释推断图件，便于合理地布置工作及设计相关工作量。在填图过程中，根据化探图件验证解释成果，修正、补充、完善各类地质资料。在最终成果中，提供反映化学元素的表生分布、区域化学场、异常的图件和资料，为今后的应用与研究提供基础性地球化学资料。

通过处理 1 ∶ 5 万土壤地球化学样品（望峰公社幅、壮志公社幅、二零一工队幅）、1 ∶ 2 万土壤地球化学样品、综合剖面土壤地区化学样品的数据分析，编写数据处理与解释辅助软件，编制 1 ∶ 5 万化探方法地球化学块体图，形成地球化学推断地质图。

2. 遥感解译方法

遥感解译方面利用计算机进行多元数据融合，多种信息的数据化，使得各种信息在计算机中叠加、合成、滤波处理成为可能。如：地质图与经处理的各种地球化学场图、各种物探解译图、遥感图像的叠加、合成、滤波等处理对浅覆盖区 1 ∶ 5 万区调及国土资源大调查定能发挥其高新技术的优势。

遥感方法地质填图应用方面，收集购买 Landsat 7/ETM+、Landsat 8/OLI、ALOS、高分辨率 SPOT 6、高分一号卫星数据。处理制作 1 ∶ 5 万标准地理分幅合成图像两幅；制作 1 ∶ 5 万 ETM 与 SAR 数据标准地理分幅融合图像一幅。制作 1 ∶ 5 万遥感矿化蚀变信息提取异常图四幅；制作 1 ∶ 5 万 ETM 区域镶嵌影像图一幅。测制遥感地质综合剖面 1 条；解译编制 1 ∶ 5 万遥感解译影像单元图和遥感解译地质图。

3. 地球物理数据反演

航磁方法在地质填图应用方面，利用物探数据主要解决地质体划分及展布规律，识别区内主要断裂系统。对该区域航磁 ΔT 数据进行数据处理。采用中国地质调查局自然资源航空物探遥感中心航空物探 GIS 彩色矢量成图系统处理软件，形成剖面平面图、等值线平面图、化极等值线平面图；依据化极网格数据通过向上延拓、水平方向及垂向求导，结合区域物性测定成果和该区地质矿产资料对航磁资料进行推断解释。同时，对航磁数据进行细致分析，依据磁异常强弱、范围、极值、异常跳动幅度、数据分布形态等多个参数，通过聚类分析、判别分析、相关分析等统计方法，划分区内磁性体单元，同时结合区内高精度物性标本测试建立磁性体单元与地质单元之间的联系，实现由磁性单元向地质填图单元转化。

编制了 1:5 万航磁 ΔT 等值线图及剖面平面图等相关图件，编制 1:5 万图幅的航磁基础性、中间性图件 22 张。按照设计的分类原理重新切割编辑了磁性体分布图，编写辅助软件。采集岩石物性标本 600 块，进行了岩石密度、剩磁等测量。编写航磁方法在浅覆盖区地质填图中应用研究总结。

四、辅助方法技术部署

浅覆盖区矿产勘查技术方法是近年国内外地质工作者广泛关注的热点。通过前期调研，森林沼泽浅覆盖区如何快速获得地球化学样品测试结果是该区地质矿产工作的重要工作节点，在获得综合数据后，对预测的找矿靶区开展验证工作又成为地质矿产工作的又一重点。本次工作采取能量色散 X 射线荧光分析仪测定土壤地球化学样品和浅钻代替探槽进行地质体、各类异常的验证。

1. X 射线荧光分析仪分析

众所周知，地球化学测量在地质找矿中有着举足轻重的地位，1:5 万区域地质矿产调查采集的水系、土壤及岩石等地球化学样品数量巨大，送达实验室后，测试分析周期较长，从而直接导致异常圈定工作的延后，使野外的工作效率大打折扣，同时在异常查证过程中，容易忽视肉眼难以识别的矿化，导致矿体圈定存在一定的误差，影响整体的工作质量。

X 射线荧光分析仪具有便捷、快速、精度高等特点，故本项目拟应用能量色散 X 射线荧光分析仪对土壤、岩石等样品中的元素含量进行分析，可在地球化学测量施工的同时快速分析样品中的元素含量，且省略了实验室的化验分析过程，在样品采集工作结束之后能快速圈定异常，开展面积性异常的查证工作，大大节省了野外的生产时间，在异常查证工程揭露的过程中通过测试样品中主成矿金属元素含量，配合地质工作，可更加合理、准确地圈定矿体，节省开支的同时也大大提高野外的工作效率。

本次工作采用 X 射线荧光快速分析仪测定土壤地球化学样品，分析元素/氧化物有 Ag、As、Au、B、Ba、Be、Bi、Cd、Co、Cr、Cu、F、Hg、La、Li、Mn、Mo、Nb、Ni、P、Pb、Sb、Sn、Sr、Th、Ti、U、V、W、Y、Zn、Zr、Al_2O_3、CaO、Fe_2O_3、K_2O、MgO、Na_2O、SiO_2 等 33 项。

2014～2016 年根据望峰公社幅、壮志公社幅、二零一工队幅 1:5 万土壤地球化学测量工作以及 2016 年完成的 1∶2 万加密区土壤地球化学测量工作样品，共计测试样品 4765 件，改进测试仪器 6 台次，编写中间对比总结报告 2 份。

2. 以钻代槽

在工作区内应用浅钻施工代替槽探揭露，主要用于实测剖面过程中岩性控制及异常查证工作中矿（化）体的追索和定位，浅钻在一定程度上代替槽（井）探，达到保护环境、降低成本、有的放矢的经济型勘探，是目前国际较为流行的趋势。通过在已知探槽应用浅钻进行化探取样的试验研究，达到了准确定位刻槽取样部位、主成矿元素最高含量与刻槽样高值点相对应的目的。

2014 ～ 2016 年在调研区开展了覆盖层等填图目标的浅钻施工研究工作，重点进行了以钻代槽在异常查证方面的工作，施工总计 1941.5m。

综上所述，2014 ～ 2016 年，黑龙江省区域地质调查所项目组在大兴安岭地区松岭区 - 新林区开展森林沼泽浅覆盖区地质填图试点工作，基本按照项目设计和专家意见建议进行，采取的技术手段和方法组合立足于实际，比较科学合理。在具体的工作当中，开展现场交流会 2 次，参与综合交流会或专家检查会诊研讨 6 次；根据工作进度，实时开展物探、化探与遥感数据处理及成果对接交流会；及时形成物探、化探与遥感反演解译数据对比的中间报告及图件。以上工作对填图工作起到了积极的推进作用。

第八章　覆盖层调查及地表地质过程研究

　　森林沼泽浅覆盖区的基岩出露少，主要原因是广泛分布的浅覆盖层。第四纪以来的地表堆积物往往与地表地貌的出露特点和类型有较大的关联性。故在该类型地区工作时，有必要进行相应的地貌调查，弄清地表浅覆盖层物质与地貌出露之间的联系。本次工作对区内覆盖层进行了细致研究，按沉积物组合、地质营力、沉积物特征及地貌类型的统一性，进一步将工作区内覆盖层类型关系理顺。

第一节　地貌调查

　　工作区位于大兴安岭北段东坡，属低山与中山的丘陵山地地貌，伊勒呼里山分水岭呈东西向蜿蜒逶迤于北部，最高海拔 1119m，依次向南递降，最低处为南界多布库尔河河谷，最低海拔 466m。区内水系较为发育，河谷面积约占工作区总面积的 27%。

　　依据黑龙江省大兴安岭浅覆盖区 1:25 万区调填图方法研究项目划分方案，将工作区内地貌形态上划分为 5 个 II 级地貌单元，即内生成因山地地貌以及外生成因的流水地貌、冻土地貌、沼泽地貌、人为地貌（图 8-1）。

一、山地地貌

　　工作区内山地地貌以中低山地貌为主，其中中山主要分布在工作区东北角、西北角及劲松镇东山（图 2-1），最高海拔多为 1012 ～ 1111m，地势起伏较为平均，海拔多为 340 ～ 410m，山体坡度多为 3° ～ 25°，工作区内 1000m 以上的中山地貌多出现在中生代中酸性火山岩中，中生代侵入岩地势也相对较高，且中 – 新元古界变质岩山体最低，且坡度最缓。

　　山地地貌整体呈近东西向、北东东向及近南北向展布，从区域构造演化角度来看，工作区内山地地貌主要受中生代构造岩浆活动影响，中生代由于上地幔底侵，下地壳部分熔融上侵形成岩浆岩，造成地壳隆升及强烈的火山喷发，奠定了区内山地地貌基本格局，前中生代地貌特征多被改造，自古近纪以来，受几次较大的夷平及风化剥蚀作用影响，山峰变得浑圆、山坡变缓。区内受东西向断裂继承性活动影响，北部伊勒呼里山隆升，造成断块差异性升降，导致工作区北部上升，东南部相对下降。

图 8-1　工作区地貌示意图

依据山地的位置形态不同可将其划分为 2 个Ⅳ级地貌单元，分别为山脊和山坡，区内主山脊多呈 EW、NEE 及 SN 线状展布，且多受区域性深大断裂控制，火山岩区少数次级山脊受火山构造控制明显，局部可见放射性山脊，与火山成因的放射状断裂关系密切。在中－新元古界变质岩中山脊多较为宽缓，而在中生代火山岩中较窄，而且枝杈较多，工作区望峰公社幅内中生代侵入岩十分发育，且地貌形态常呈现细窄的山脊，与强烈的构造抬升、剥蚀关系密切。

山坡地貌为工作区内主要的山地地貌单元，约占工作区面积的 70%，且多被水系切割，呈不规则状，且坡面形态与岩性、阴阳坡等关系密切，一般来说阳坡风化作用比阴坡强，故其坡度较缓，工作区内中生代中酸性火山岩抗风化能力较强，坡度最陡，而中－新元古界变质岩地层则最缓，侵入岩居中。

二、流水地貌

工作区位于新生代隆升区，而且雨季较为集中，多在 7 ~ 8 月，河流下切及片流洗刷作用较强，故流水地貌在工作区内也较为发育。工作区内较大型河谷多呈近东西向、南北向、北东向展布，受区域性深大断裂及山岭分布控制，火山岩地区可见环状、放射状沟谷水系，如劲松镇东山及大小海拉义河上游多布库尔河支流及库楚河支流呈放射状展布，可能受该复式火山机构放射状断裂控制。

由于工作区位于高纬度寒温地带，工作区内流水地貌受融冻作用影响十分明显，形成了独特的地貌样式。工作区内流水地貌主要表现为河谷，主要为阶地、河床及河漫滩三种。

区内河谷多为多成因谷，河谷多表现为U形谷，坡度较陡地段的小河谷表现为V形谷，从纵剖面上看，河流纵比降多数在15‰以下，最小者仅1.92‰，全区无跌水、瀑布，纵剖面线十分和缓，从平面形态看，区内多数河流河曲、汊道十分发育，牛轭湖、沙洲较多，工作区内一般河流流量不大，水量小的河流在夏末秋初即已干涸，即便是水量中等的河流，冬季也完全冻实，因此工作区的许多河流侵蚀作用不强，且由于夏季时间较短，河流侵蚀的时间也较为短促，此外由于工作区位于高纬寒冻地带，下部多年冻土的存在也阻碍着河流向下侵蚀，因此与工作区地质情况相近的冰缘地区流水侵蚀作用对河谷地貌形态的塑造、形成并不是主导因素，也正是由于这个原因，工作区河谷谷地往往具有河沟窄小却拥有宽阔的河谷这一特殊的地貌形态特征。

在河谷上游或经常干涸的河段，河水流量很小，冻土又发育，河流侵蚀能力极小，因而谷底的塑造主要是融冻崩解、融冻泥流作用，融冻崩解作用使岩石不断崩解，而融冻泥流作用则将崩解碎屑物搬运、填充于谷底两侧，同时使谷坡变缓并不断后退。经过这些作用之后，谷底堆积了大量的泥流堆积物，变得十分平缓、宽广，与窄小的河槽极不相称。在具经常性流水的河段，河流在融冻崩解、融冻泥流作用的基础上侧蚀改造谷底，形成了宽大平坦的谷底，具有较发育的河漫滩，谷底堆积以河流改造填充性堆积物为主。

区内河谷谷坡普遍具有明显的不对称性，一般受阴坡、阳坡差异性风化作用及融冻作用形成，此外新生代掀斜构造与气候影响对于不对称谷坡的形成也有较为重要的影响，且一般陡坡及缓坡外力作用也不尽相同，其中陡坡坡形平直而坡度较陡，外营力以融冻剥蚀、重力作用为主，缓坡主要受融冻泥流堆积、融雪水和水流片蚀作用，融冻分选与融冻扰动现象也很明显。

1. 河床

工作区内河床主要为弯曲河床，河谷谷底无论上游、中游、下游，普遍具有谷底宽、平、浅、直而河床窄小的特征（图8-2），这种特征反映了冰缘区河谷谷底塑造营力以融冻崩解、

图8-2　壮志林场东检查站5km库楚河宽缓河谷

图 8-3　壮志大桥多布库尔河河流地貌

融冻泥流作用为主，流水侵蚀作用为次的特点，但不同地段谷底的形成过程则不尽相同。

河床堆积地貌主要为边滩、心滩等。其中边滩常发育于河床凸岸，为河流侧向侵蚀的产物。心滩多位于河床中，为河床中水流受阻形成的水下不稳定的砂质堆积体，其主要由粗碎屑的粗砂及砾石组成（图 8-3）。

2. 河漫滩

河漫滩为区内流水地貌的主要地貌单元，且主要为平坦型河漫滩，主要发育于 U 形谷内，呈长条状分布，宽约 2m ～ 2km，河漫滩主要由卵石、砂砾、粉砂及黏土组成，二元结构明显，底部粗碎屑为河道侧向沉积产物，上部细碎屑为河漫滩洪泛沉积产物。工作区内由于河流多较短、森林及植被发育，降水量较少，水土流失较弱，所以一般河漫滩洪泛沉积因缺物源而厚度多较薄且粒度较粗。一般水系源区岩石节理裂隙发育，加之寒温带气候区昼夜温差大、年温度变化较大，风化作用较强，造成源区有较充足的碎屑物可供水体搬运，所以区内大小河谷河漫滩内多有粗碎屑物沉积，且厚度多大于洪泛沉积的细碎屑物厚度。

3. 阶地

主要分布在较大河谷边部，多呈长条状沿河谷方向展布，阶地纵、横向坡度变化较小，表面平坦，多小于 2°，纵向宽 0.5 ～ 2.2km，横向上多被后期河道切割，前缘与河漫滩之间有明显陡坎（0.5 ～ 1m），后缘与山坡之间受坡积层影响多为明显陡坡。

阶地主要由卵石、砾、砂、黏土组成，河成二元结构明显，即阶地原为老的河漫滩，受新构造差异性垂直升降运动影响，使河谷下切，河漫滩相对抬升为阶地。由于构造运动强度不同，有的地区切割基岩，形成基座阶地，有的地区未切割基岩，形成堆积阶地。工作区内两种阶地属于同一期构造运动产物，均为 I 级阶地。

三、冻土地貌

第四纪冻土在大兴安岭乃至整个东北地区分布较为广泛，依据中国科学院兰州冰川冻土研究所郭东信等（1981）的划分方案，工作区位于大兴安岭东坡丘陵岛状冻土区。工作区地处寒温带，降水量较少，冻土层普遍发育。由于季节性温差较大，所以季节冻土分布较多，山地部位一般厚度约 0.5 ～ 1.5m，而河谷地段厚度可达 3m 以上，地表植被覆盖较为严重及黏上层较为发育的地段下部冻上深度一般较厚，多年冻土主要分布在山地阴坡、山鞍部及河谷中，工作区内较为常见的冻土地貌主要有石海、岩屑坡、石河及倒石堆等。

1. 石海

工作区内石海发育，多分布于山势较陡的山地阴坡，形态多呈扇形，面积一般不大，一般几百平方米至1000m²，主要由巨大碎石堆积而成，碎石多呈棱角状，分选及磨圆均较差，工作区内石海多发育于中生代火山岩及侵入岩区，且侵入岩区碎石块度较大，石海规模不大的主要原因是冻土、植被覆盖面广，裸露基岩面积较小，石海岩块的大小与其岩性有关，花岗岩形成的石海块度往往达50～150cm，而凝灰岩、火山岩等形成的岩屑一般在30cm以下，个别块度可达100cm。

2. 岩屑坡、石河、倒石堆

岩屑坡主要为岩屑通过重力、冻胀迁移方式沿陡坡向下迁移，其迁移速度受坡度、岩屑含水量、正负温交替频数等影响。据宋长青1992年观测，区内岩屑下移速度达5.99cm/a。

石河一般为较狭窄的线状堆积，其延伸的方向往往垂交等高线，多沿沟谷延伸，其上部主要为岩块，细粒物质主要沉积于下部。规模大小不一，规模为十几米至几十米不等，大者长达250m（图8-4～图8-8）。

图 8-4　劲松镇西北 997 高地岩屑坡

图 8-5　劲松镇西北 997 高地东南坡石河

图 8-6　劲松镇东山岩屑坡

图 8-7　劲松镇东山石海

图 8-8　融冻作用形成的倒石堆

3. 冻胀裂隙与醉林

冻胀裂隙是由于不均匀冻胀而形成的，冰透镜体形成过程中也会产生裂隙，随着冰体增大，裂隙也不断增大，裂隙两侧地面也随之抬升，如果上面生长有植物，就形成了醉林。区内醉林常见于窄山脊（图 8-9、图 8-10）、河漫滩或一级阶地上。

图 8-9　大海拉义河口西山顶冻胀裂隙与醉林 1　　　图 8-10　大海拉义河口西山顶冻胀裂隙与醉林 2

四、沼泽地貌

沼泽地貌常见于河谷内，多分布于河漫滩等地势低缓地段，且多数为河漫滩或阶地的产物（图 8-11、图 8-12）。沼泽多由于工作区为高纬度寒冻地带，冻土中含冰量较高，融化时使冻土上层松散物质发生热融沉陷，形成漏斗状大小不等的洼地，洼地储水后，由于冻土层的滞水作用，发育成沼泽，为陆地沼泽化的产物，与其他地貌单元多为覆盖关系，地表积水严重，大量喜湿类水草较为茂密，树木较为稀少，地势平坦，形态不规则（图 8-13、

图 8-14）。由于植物根系的腐烂沉积，多形成沼泽型泥炭，泥炭下部多为含砂黏土层，堆积物粒度较为细小。

图 8-11　大海拉义河沼泽相堆积

图 8-12　大海拉义河沼泽水体化

图 8-13　落叶林中的沼泽塔头甸

图 8-14　落叶林中的连片的湖塘

沼泽地貌是母岩风化后经生物作用形成的生物成因地貌，其上部沉积的腐烂的植物根茎有可能形成沼泽性泥炭，达到一定规模后形成泥炭矿。

五、人为地貌

工作区处于较为偏远的山区，常驻人员以山货采集及育林为主，人类活动相对较少，主要的人为地貌有城镇、铁路、公路及路堑等。

1. 城镇

工作区内城镇由南向北依次为大杨气、壮志（图 8-15）、新天等三处，多分布在较为宽广的河谷河漫滩上，多沿嘉拉巴奇河—多布库尔河流域分布，城镇规模不大，且多为民

图 8-15　人为地貌之劲松镇

用住房，由于当地经济较为落后，人口流失现象较为严重。

2. 公路、铁路

工作区内有铁路 1 条，加格达奇—漠河线铁路沿嘉拉巴奇河—多布库尔河河谷修建，呈南北向贯穿工作区。

工作区内主干公路为中俄石油管线伴行公路（原省道 207，图 8-16）及通往岔路口钼矿水泥路（图 8-17），通行性好，工作区内其他公路多为当地林场的防火公路，多沿库楚河、大小海拉义河、嘉拉巴奇河等河谷分布，多为砂石路，道路较为偏远的地段由于年久失修，桥涵较难通行，此外山里还有大量运材路，但由于多年未曾通车，车辆不能通行。

图 8-16　人为地貌之加漠公路

图 8-17　人为地貌之矿区路

3. 路堑及采石场

由于工作区内铁路及公路多在河谷靠山一侧修建，在坡度较陡的地段会揭露一些基岩，基岩在路边多呈掌子面出露，而且在劲松镇西山林场防火路边多可见一些采石料场（图 8-18），也呈掌子面出露，在工作区内呈零散状分布，在浅覆盖区填图过程中具有十分重要的研究意义。

图 8-18　劲松镇西山人工采场

第二节　覆盖层基本特征

工作区地处黑龙江省西北部伊勒呼里山及其南麓，属典型的森林沼泽浅覆盖区，第四纪以来工作区一直处于内陆大陆性气候环境，冬季寒冷，广泛发育冰缘地貌。区内独特的气候特点，导致区内岩石以物理风化为主，岩石容易由冻胀作用发生碎裂，气候寒冷造成基岩风化产生的残坡积层形成冻结层，进而形成堆积层，同时，植被发育大大降低了片流冲刷作用对残坡积物的影响，逐渐形成了浅覆盖层。

一、覆盖层成因及类型划分

覆盖层成因多种多样，基岩经过物理风化作用破碎，一部分堆积在原地，有的甚至保持基岩原貌，称为残积物；一部分受原始地形坡度影响，在重力作用及片流洗刷作用下，有了一定的位移，异地堆积，这部分称为坡积物；随着流水作用的不断加强，还有一部分残、坡积物被搬运到更远的较平坦、低洼地带沉积下来，形成河流沉积物；表层的残、坡积物在片流作用间隙期较长时，经过生物、化学风化作用，形成现代的土壤，有些有机质淤泥在水体沼泽化或陆地沼泽化后沉积，成为沼泽沉积物，它也是母岩的土壤。这些堆积物在高纬度和高山区，由于气候干冷，常形成冻结层，称为冻土。

工作区内任何一种覆盖类型都是在不同环境下，由季节冻融侵蚀、重力与流水搬运、冲洪积、堆积等一种或几种不同外力作用的结果，其发育条件主要受地形、地貌、坡向、河流、溪谷、雪盖、植被以及人为活动和火灾等因素的相互制约。所以覆盖类型也没有严格意义上的截然不同，其划分也是相对的。其中，冲洪积物的划分，是基于本地区河谷较窄，河流细小，沉积物及相应地貌单元范围小且比较零散，而沼泽常分布于较大河谷两侧，且常与冲洪积物、坡积物相伴产出，二者较难区分，故本次工作将冲洪积物与冲坡积物作为一个整体进行划分。残坡积物划分的原因是残积物、坡积物经常伴生在一起，呈上下叠覆关系，分布范围大，且多分布于山坡上，以斜坡地貌为主，是研究覆盖层特点、碎石位移的重要参照物。本次工作对区内覆盖层进行了细致研究，按沉积物组合、地质营力、沉积物特征及地貌类型的统一性，参照黑龙江大兴安岭浅覆盖区1∶25万填图方法研究工作成果，将工作区内覆盖层类型进行划分，划分标准见表1-1。

二、覆盖层基本特点

工作区内主要的覆盖层为植被、腐殖土层、残积层、残坡积层、冲坡积层、冲洪积层、沼泽及融冻堆积层等，这些堆积物遍布整个工作区，且这些覆盖层大多数呈上下叠置关系，且其分布多受植被、气候、地貌、地形、岩性等制约，但最为重要的因素是不同构造所形成的地形、地貌及母岩的抗风化能力等。

1. 植被

工作区内植被发育，依据黑龙江林业设计院刘庆仁等 1993 年的划分方案，工作区属于伊勒呼里山针叶林带向其南麓针阔叶混交林带过渡的植被地带。山地、坡地代表植物以杜鹃－落叶松林居多。灌木较为稠密，以杜鹃为主。地被物以越橘为主，混生苔草、鹿蹄草、野青茅。在洼地有矶掷踢分布，苔藓呈点状分布。沿河两岸低地为塔头沼泽地。

2. 腐殖土层

腐殖土层遍布整个工作区，属基岩风化后经生物化学作用形成的现代土壤，属生物化学组，除倒石堆、石海、河床等地貌单元上没有腐殖土层，其他地貌单元上均有腐殖土层覆盖。岩性主要为黑－黑褐色黏土、亚黏土，含植物根系、植物碎屑、炭化植物根、腐殖质，含少量砂及碎石，由于土壤中富含有机质，土壤肥沃，植被多发育于腐殖土层之上。

3. 残、坡积层

在工作区内分布广泛，除裸露的基岩区没有残、坡积层外，其余地段均有发育，由于残积层多与坡积层伴生，故在覆盖类型划分时，除划分了残积物外，还划分了残坡积物，其上多为腐殖土层覆盖，其主要由砂、砾石、黏土及风化基岩组成（图 8-19、图 8-20），其砾石成分与下伏母岩的岩性关系密切，由表 8-1 可以看出坡积层碎石磨圆较残积层好，大小较残积层小，黏土含量高，主要原因在于坡积层在残积层上，且有一定位移，所经受

图 8-19　大杨气林场二十二支线残坡积层灰黄色含砂黏土覆盖于灰黄色黏土、砾石层之上

 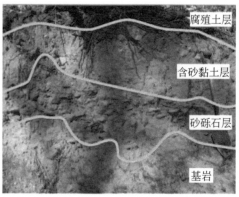

腐殖土层

含砂黏土层

砂砾石层

风化基岩

基岩

图 8-20　残坡积物野外露头照片

的风化作用，片流洗刷等地质营力较残积层强。

表 8-1　不同岩性残积层、坡积层特征对比表（据 1：25 万填图方法研究修改）

岩类区	形状	磨圆		大小		黏土含量	
		残积层	坡积层	残积层	坡积层	残积层	坡积层
沉积岩区	块、板片、球	棱角、次圆	次棱－次圆状	5～10cm，大者40cm	1～10cm，大者40cm	20%	30%
火山岩区	块、个别板片	棱角、个别次棱角	次棱－次圆	1～80cm均匀变化	1～50cm，均匀变化	10%	15%
侵入岩区	块	棱角	棱角－次棱角	几厘米，大者3～4m，跳跃变化，大者多	几厘米，大者3～4m，跳跃变化	15%	20%
变质岩区	块、板片球状	棱角－圆	棱角－圆	1～3cm，个别50cm，均匀变化	一般1～20cm，个别40cm，均匀变化	5%	5%～20%

　　从四大岩类区对比可以看出，沉积岩区、变质岩区碎石普遍磨圆等级差别大，其次是火山岩区，侵入岩区磨圆最差。沉积岩区由于岩石结构松散，胶结物较易风化，岩石抵抗外力作用能力较差，故其残、坡积层碎石较侵入岩、火山岩小，磨圆度也相对较好，变质岩区岩石在遭受内力改造之后经受外力作用，碎石大小与岩性关系较为密切，一般长英质岩石（浅粒岩、混合质变粒岩等）碎石块度较大，而含不稳定矿物的岩石（黑云斜长变粒岩、二云片岩及黑云斜长角闪岩等）碎石一般较小，故变质岩区碎石跳跃性较大，大者可达 50cm，且磨圆较侵入岩、火山岩好，侵入岩区碎石易风化破碎，但多呈棱角状风化砂等细粒岩屑、碎石出现，碎石少数块度较大，其势能小，移动距离近。由于抗风化能力的差异，各岩类区残坡积碎石中的黏土含量也有这样的规律，即由高到低依次为：沉积岩区、侵入岩区、变质岩区、火山岩区。

4. 冲坡积层、冲洪积层

冲洪积物多发育于较宽的河谷两侧，其与河流冲洪积和河流的侵蚀、搬运及堆积作用关系密切，多分布于河漫滩之上，沿河流方向呈线状延伸，冲坡积物多分布在河谷两侧地势较低的地段，呈扇状或弧状产出，二者多相伴产出。前人钻孔资料分析冲洪积物及冲坡积物由卵石、砂砾、砂、粉砂土及土壤等物质组成。南部河谷堆积物主要由砂、砾石、碎屑、黏土组成，且据铁道第三勘察设计院集团有限公司资料，河谷第四系松散堆积物厚度几米至近 10m，小杨气多布库尔河铁路桥第四系勘探剖面，其下存在多年冻土层（图 8-21）。

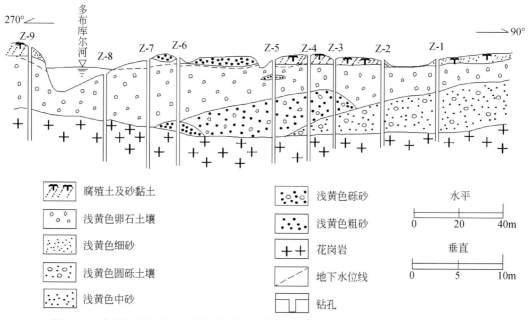

图例	
腐殖土及砂黏土	浅黄色砾砂
浅黄色卵石土壤	浅黄色粗砂
浅黄色细砂	花岗岩
浅黄色圆砾土壤	地下水位线
浅黄色中砂	钻孔

图 8-21 小杨气多布库尔河铁路桥第四系勘探剖面图（据 1：20 万松岭区幅区调）

5. 沼泽

工作区内沼泽堆积物多分布于较大河谷两侧及地势较为低缓地段，其岩性上部为黑色淤泥、黏土及腐烂的植物根茎，下部为灰黄色含砂黏土，由于沼泽地貌上部植被、黏土含量较高，地下常见常年冻土层（图 8-22）。

图 8-22 新天 51 支线嘉拉巴奇河河谷沼泽松散堆积物

6. 融冻堆积物

主要表现形式为岩石受融冻作用发生崩塌形成的倒石堆、石河、石海等，主要由块度较大碎石组成，分选及磨圆均较差，其岩性与下伏母岩岩性一致。

三、覆盖层厚度变化规律

工作区覆盖层总体显示北薄南厚的特征，工作区覆盖层类型分布示意图见图 8-23。依据前人 1∶20 万区调、1∶5 万矿调和本项目调查的覆盖层初步统计资料，腐殖土层（近）山顶处厚度一般为 0.05～0.15m，山坡处一般为 0.15～0.2m，（近）山脚处一般为0.2～0.5m；坡积砂、砾、碎石、黏土层（近）山顶处厚度一般为 0.3～0.5m、山坡处一

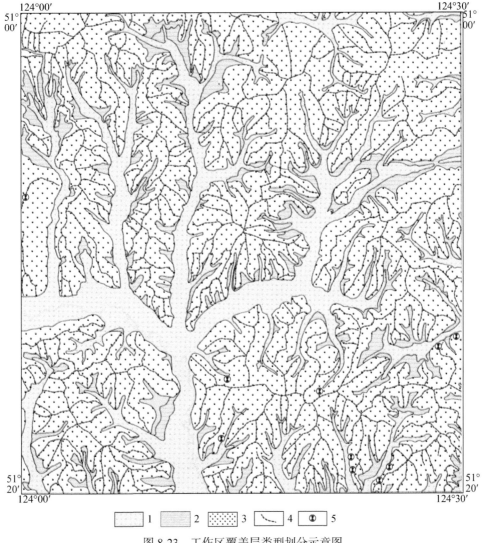

图 8-23　工作区覆盖层类型划分示意图

1. 冲洪积物、沼泽；2. 冲坡积物、沼泽；3. 残坡积物；4. 残积物；5. 冻土地貌石河、石海观测点

般为0.5～1.25m，（近）山脚处一般为1.25～2.5m，甚至更大；残积碎石和砂砾石土层（近）山顶处厚度一般为0.3～0.5m、山坡处一般为0.3～1.5m，（近）山脚处≥1.5～2.5m（表8-2）。

表 8-2　工作区覆盖层统计表

类型	覆盖层厚度 /m		
	（近）山顶处	山坡处	（近）山脚处
腐殖土层	0.05～0.15	0.15～0.2	0.2～0.5
坡积砂、砾、碎石、黏土层	0.3～0.5	0.5～1.25	1.25～2.5
残积碎石层	0.3～0.5	0.3～1.5	1.5～2.5

此外工作区内覆盖层厚度变化与岩石抗风化能力、坡度等情况存在密切联系，具有以下特点：

（1）不同岩类区覆盖层厚度不同：岩类不同，岩石抗风化程度也不同，岩石抗风化程度越高，其表面覆盖层厚度愈薄。

（2）不同坡度覆盖层不同：覆盖层厚度随坡度的变化总体趋势为坡度越大，厚度越小。但由于山脊、山顶坡度较小且坡积层不发育，有的甚至出露基岩，故覆盖层厚度略小。

（3）不同坡向覆盖层厚度不同：不同坡向所接受的日照时间和辐射热能不同，植被发育状况也不同，北坡植被发育，冻融作用强，覆盖层厚度较大；南坡植被发育情况较北坡差，且日照时间和辐射热能较多，风化作用较强，岩石较北坡岩石粒级小，容易被剥蚀搬运，故覆盖层厚度较小。

第三节　地表地质过程研究

区内岩石以物理风化作用为主，化学风化和生物地质作用为辅，以上地质作用主要受到气候影响，随季节周期性变化。气候寒冷造成基岩容易受冻胀作用发生风化碎裂，产生的残坡积层形成冻结层，进而形成遍布全区的堆积层，堆积层既有利于植被发育，又受冬季漫长影响而生物降解不明显，逐渐形成了残坡积物为主体并富含有机质的浅覆盖层。

地表残积物的搬运以地表片流搬运和融冻作用迁移搬运为主，研究区地势较低处广泛分布河流冲洪积物，形成河流高低河漫滩等地貌；在山体山坡山脚处分布众多融冻堆积物，形成倒石堆、岩屑坡、石河、石海等地貌。

同时，在构造发育地段，形成规模不等的陡石崖等地貌，崖底普遍发育有残积物堆积，残积物风化磨圆度不等。

综上所述，研究区覆盖层的形成过程即是地表地质作用过程。

第九章　区域地质调查实践

第一节　地　　层

本次工作依据内蒙古自治区岩石地层分区划分方案，工作区前中生代地层区划属北疆－兴安地层大区（Ⅰ），兴安地层区（I_2），东乌－呼玛地层分区（I_3^2）；中新生代地层属滨太平洋地层区（5），大兴安岭－燕山地层分区（5_1），博克图－二连浩特地层小区（5_2^1）。根据岩石组合特征、化石、同位素年龄及邻区地层对比等资料，经综合分析研究，将工作区地层初步划分为 7 个地层单元，其中包括 1 个群级构造地层单位——中－新元古界兴华渡口岩群（$Pt_{2-3}xh$），1 个组级构造地层单位——新元古界—下寒武统倭勒根岩群（$Pt_3\text{∈}_1W$）吉祥沟岩组（$Pt_3\text{∈}_1j$），1 个组级岩石地层单位——下白垩统白音高老组（K_1b），4 个地貌填图单元：依次为冲坡积物（Qh^{dal}）、高河漫滩沉积物（Qh^{1fp}）、河床及低河漫滩沉积物（Qh^{2rb+fp}）、沼泽沉积物（Qh^{fl}），地层沿革及划分见表 9-1。

表 9-1　岩石地层初步划分简表

年代地层			岩石地层及代号		岩石组合特征
新生界	第四系	全新统	沼泽沉积物（Qh^{fl}）		黑色泥炭、灰黄色细砂及黏土等细沉积物
			河床及低河漫滩沉积物（Qh^{2rb+fp}）		松散卵石、砂砾、砂质土、粉砂质土
			高河漫滩沉积物（Qh^{1fp}）		典型曲流河沉积的二元结构层序，上部为细砂－黏土，下部为砾石－粗砂
			冲坡积物（Qh^{dal}）		砾石、粗砂为主，夹少量黏土
中生界	白垩系	下白垩统	白音高老组（K_1b）		灰、灰绿、紫红色英安质含角砾凝灰岩、英安质角砾凝灰熔岩、英安质凝灰角砾岩及流纹质含角砾凝灰岩，143.5±2.0Ma（LA-ICP-MS）
新元古界—下寒武统			倭勒根岩群（$Pt_3\text{∈}_1W$）	吉祥沟岩组（$Pt_3\text{∈}_1j$）	灰黑色变砂岩、变砂质粉砂岩、变石英砂岩、千枚岩长石石英片岩夹变流纹质凝灰岩、变流纹岩
中－新元古界			兴华渡口岩群（$Pt_{2-3}xh$）		灰白色、浅黄色浅粒岩、深灰、灰黑色黑云斜长（角闪）变粒岩、黑云斜长（角闪）片岩，黑云斜长角闪岩 474.3±8.9Ma（LA-ICP-MS）、黑云斜长变粒岩 505±4.4Ma（LA-ICP-MS）

一、中－新元古界兴华渡口岩群

工作区内兴华渡口岩群主要出露于工作区东部库楚河以及西南部右大杨气河沿岸，出露面积约 43.67km²，其余部位出露较为零散，受早古生代及中生代岩浆活动改造强烈，多呈小规模捕虏体形式产出于中生代侵入岩体内部，局部可见呈捕虏体产于晚寒武世混合岩中，主要岩性组合为浅粒岩、变粒岩，黑云（角闪）斜长变粒岩（图 9-1 ～图 9-4）黑云斜长角闪岩及少量二云斜长片岩等，岩石具深层次韧性变形，局部发生明显的混合岩化作用，属高绿片岩相－低角闪岩相变质，且露头尺度上可见黑云斜长变粒岩呈捕虏体形式产出于中生代花岗岩中，二者呈侵入接触。

中－新元古界兴华渡口岩群（Pt$_{2-3}$xh）发育的变质岩石组合主要有浅粒岩、变粒岩、片岩等，达到高绿片岩相－低角闪岩相变质。该岩群变质矿物共生组合有① Pl+Hb+Ep，② Pl+Bi+Ms+Ga+Q，③ Pl+Bi+Ms+Or+Q，属于斜长石－角闪石变质矿物带，为低角闪岩相变质。由于后期构造岩浆活动的强烈改造，原地层特征面目不清。该套地层的岩性组合特征，反映出该套地层以长英质变质岩为主，包括少量泥质变质岩类（如石英片岩、变粒

图 9-1　壮志林场西检查站兴华渡口岩群黑云　　图 9-2　壮志林场西检查站兴华渡口岩群条带
斜长变粒岩片理清晰，倾向北东向　　　　　　状混合质黑云斜长变粒岩

图 9-3　黑云斜长变粒岩镜下照片（引自 1 ∶ 25 万新林幅，PM009TC43）

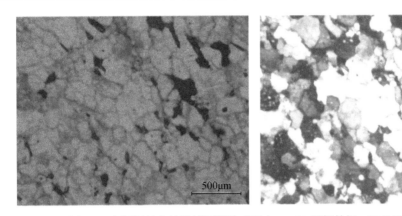

图9-4　角闪斜长变粒岩镜下照片（引自1∶25万新林幅，PM009TC23）

岩、浅粒岩），原岩建造为陆源碎屑岩（砂岩－粉砂岩－泥岩）建造。

有关兴华渡口岩群的时代归属争议较大，一直以来，通过对兴华渡口岩群的建造类型及变质程度分析，将其时代划分为新元古代，自20世纪90年代以来，区调项目及众多学者对兴华渡口岩群进行了细致的同位素年代学研究，获得一批高精度测年数据，但年龄跨度较大，从古元古代至早寒武世均有出现，且不同学者对年龄解释不同，本次工作通过搜集兴华渡口岩群的相关年龄数据并进行初步分析，可知兴华渡口岩群的年龄主要集中于三个年龄区间，分别为古－中元古代（大于1000Ma）、新元古代（1000～700Ma）、新元古代—早寒武世（500～470Ma），三个年龄区间显示兴华渡口岩群中变沉积岩及变火成岩主成岩期主要集中于中－新元古代，而后经泛非期、晚古生代甚至早中生代的构造变质作用影响。

二、新元古界—下寒武统倭勒根岩群吉祥沟岩组

本次工作厘定的新元古界—下寒武统倭勒根岩群（$Pt_3\text{\textepsilon}_1W$）主要为吉祥沟岩组（$Pt_3\text{\textepsilon}_1j$）。该组地层主要分布于太阳沟站东及库楚河上游北岸，以变砂岩、变砂粉砂岩为主，变火山岩主要以夹层形式出现，主要包括变流纹质凝灰岩，变碱性流纹岩及变凝灰岩等，地层中岩石变质程度相对较浅，砂状结构、粉砂状结构、变余层理结构以及凝灰结构等原岩组构均有明显残留（图9-5），岩石多发生变质，常见硅化、黑云母化、阳起石化等（图9-6、图9-7）。该岩组受早古生代额尔古纳地块及兴安地块碰撞拼合过程中右行剪切作用影响，局部岩石发生强烈的脆韧性变形（图9-8），原岩面貌遭受强烈改造，形成长英质岩、糜棱岩或糜棱岩化碎斑岩等动力变质岩。

在工作区东部库楚河北岸吉祥沟岩组中采集阳起石化变流纹质晶屑凝灰岩同位素测年样品，获得两组谐和年龄，分别为542±5.2Ma及490±8.6Ma，分析其$^{206}Pb/^{238}U$单点年龄可知：其中8个单点年龄为768～900Ma，相当于新元古代，11个单点年龄为527～548Ma，相当于新元古代—早寒武世，6个单点年龄为454～497Ma，相当于晚寒

武世—奥陶纪，代表后期构造热事件年龄，该期年龄与晚寒武世变质深成岩混合岩化作用较为接近，其可能代表了额尔古纳地块与兴安地块碰撞拼贴的构造事件，这与该岩组受该期构造运动发生脆韧性变形的地质事实相符。故本次工作将吉祥沟岩组时代暂定为新元古代—早寒武世。

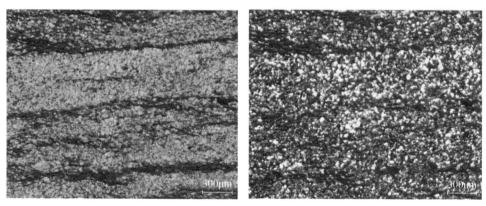

图 9-5　变质粉砂岩变余层理结构，左单偏光，右正交偏光

图 9-6　变流纹质凝灰岩中石英、斜长石等火山碎屑，岩石发生轻微绢云母化，左单偏光，右正交偏光
Pl. 斜长石；Qtz. 石英；Afs. 碱性长石；下同

图 9-7　片理化凝灰岩发生黑云母化，左单偏光，右正交偏光

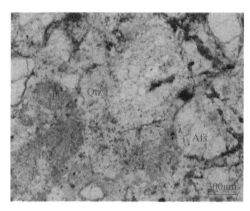

图 9-8　变质砂岩中石英发生轻微蚀变，且石英颗粒发生亚颗粒化，左单偏光，右正交偏光

本次工作在工作区东部库楚河北岸吉祥沟岩组中采集阳起石化变流纹质晶屑凝灰岩同位素测年样品，锆石阴极发光图像中显示样品中锆石多呈柱状，具较为明显的岩浆震荡环带，共计获得 25 个单点年龄及两组谐和年龄，分别为 542±5.2Ma 及 490±8.6Ma，分析其 $^{206}Pb/^{238}U$ 单点年龄可知：其中 8 个单点年龄为 768～900Ma，相当于新元古代，11 个单点年龄为 527～548Ma，相当于新元古代—早寒武世，6 个单点年龄为 454～497Ma，相当于晚寒武世—奥陶纪，代表后期构造热事件年龄，该期年龄与晚寒武世变质深成岩混合岩化作用较为接近，其可能代表了额尔古纳地块与兴安地块碰撞拼贴的构造事件，这与该岩组受该期构造运动发生脆韧性变形的地质事实相符。故本次工作将吉祥沟岩组时代暂定为新元古代—早寒武世。

三、下白垩统白音高老组

工作区内下白垩统白音高老组主要出露于劲松镇东西山、工作区西北角伊勒呼里山南麓、东北角太阳沟站东以及新天镇南，此外在大面积中生代花岗岩出露地区还有零星分布，地层整体呈北西向展布，岩性主要为一套中酸性火山岩，岩石类型为流纹岩、流纹质角砾凝灰岩、流纹质凝灰岩、流纹质熔结凝灰岩、流纹质晶屑岩屑凝灰岩、流纹质含角砾晶屑岩屑凝灰岩、流纹质岩屑凝灰岩、流纹质晶屑凝灰熔岩、英安质凝灰火山角砾岩、英安岩、英安质凝灰火山角砾岩、含砾英安质晶屑岩屑凝灰熔岩。

通过岩性组合可知，早白垩世火山活动早期，壮志东山的火山喷发强度明显强于壮志西山，而且 ZPM009 中并未出现火山碎屑沉积相，至晚期火山喷发主火山口可能位于壮志西山，以酸性火山喷发为主，所以本次调查中通过火山岩性组合的分布特征判断早白垩世火山喷发中心并非在一处，其可能存在由东向西演变的特征，且火山喷发具有多期活动的特征，这与野外观察的火山碎屑岩中的岩屑或角砾具有同源性这一特征相近，这些均是火山多期喷发的有力证据。

本次工作在古源北线下白垩统白音高老组采集流纹质岩屑晶屑凝灰岩的同位素测年样

品，从锆石 CL 图像中可知，样品中锆石多呈半自形 – 自形短柱状 – 长柱状，受火山喷发作用影响，少数锆石晶体多有残缺，岩石中锆石环带较为清楚，且环带较为细密。本次在该样品中共计获得 25 个锆石 U-Pb 单点年龄，其中 3 个点年龄为 151.2 ～ 162.6Ma，时代为晚侏罗世，与区内大规模中 – 晚侏罗世岩浆活动对应，可能为火山喷发携带的继承锆石，4 个点年龄为 130 ～ 138.1Ma，与工作区内早白垩世构造岩浆活动相对应，可能代表后期构造热事件年龄，本次工作共计获得 18 个点的锆石 U-Pb 谐和年龄为 143.5 ± 2.0Ma，时代为早白垩世，属陆相火山喷发活动的产物，与大兴安岭地区中生代大规模陆相火山喷发具有较好的对比性。

四、新生界

工作区内伊勒呼里山南麓，相对高差较大，区内水系较为发育，新生界主要分布于多布库尔河、大小海拉义河、嘉拉巴奇河及库楚河两岸，出露面积 366km²。第四系潜水面高，冻土发育，岩性和成因类型复杂，岩相变化快，沉积连续性差。本次工作将第四系划分为全新统现代河床及低河漫滩沉积物（Qh^{2rb+fp}）、全新统高河漫滩沉积物（Qh^{1fp}）、全新统沼泽沉积物（Qh^{fl}）、全新统冲坡积沉积物（Qh^{dal}）4 个地貌地层单位。在此基础上对各地貌地层单位进行了成因类型、岩性组合等调查。现分述如下：

1. 全新统河床及低河漫滩沉积物（Qh^{2rb+fp}）

全新统河床及低河漫滩沉积物多在北部南北向小海拉义河、大海拉义河和嘉拉巴奇河、多布库尔河以及山区三级水系中发育，主要由河床、边滩、心滩、沙坝等微地貌组成，其中工作区内受高位寒冻气候影响，普遍河床窄小，河谷较宽，边滩为洪水期和平水期时由河水的单向环流的侧向加积作用形成，在枯水期露出水面形成边滩。沉积物主要由砂组成，在横向上，向河床方向粒度逐渐变粗至含砾，在局部地段由于河床迁移，河底的砾石、卵石出现在边滩的底部。一般来说，在河床的凹岸及水流的主流线带，水流的横向单向环流的下降部分侵蚀作用强烈，仅有从凹岸冲蚀崩塌及河底冲蚀破坏的一些坚硬岩块及巨砾堆积在河床上。在近主流线带堆积作用相对增强，一些卵石、粗砂、细砂呈迅速尖灭的透镜体相互交替堆积。在滨河床浅滩地带，堆积作用最强，沉积物以砂为主，滨河床浅滩在枯水期露出水面形成边滩和砂坝。在洪水期由于河水上涨形成壅水、底流辐聚式对称发生两岸侵蚀，而在河床底部堆积形成心滩，在形成心滩河段以滨河床浅滩沉积为主，沉积物以砂为主。

低河漫滩沉积物分布在距河床相对较近的位置。含水量高，岩性主要由松散卵石、砂砾、砂质土、粉砂质土组成。

2. 全新统高河漫滩沉积物（Qh^{1fp}）

区内多布库尔河谷第四系全新统出露面积最大，沉积较厚，具有向下游增厚趋势和典型的二元结构。主要沿区内河谷内低河漫滩分布，高河漫滩沉积物具有典型曲流河沉积的二元结构层序，即上部为河漫滩相悬浮沉积的细砂 – 黏土，下部为河道侧向加积的边滩砂坝和河床滞留沉积的砾石－粗砂。

3. 全新统沼泽沉积物（Qh^{fl}）

沼泽沉积物在工作区第四系中分布最为广泛，分布在河漫滩上、阶地上，甚至在平缓的山坡和鞍部也有分布。

沼泽沉积物分布在比周围相对低洼的地形上，由于河床纵剖面比降小，在宽广的河谷低洼地区、河槽在河漫滩上迂回不畅，因其具有黏土、亚黏土和部分地区的永冻层，成为隔水层而形成沼泽，分布在山坡、鞍部的较特殊的高位沼泽，其主要是靠大气降水供给，其地下潜水面常低于凸起的沼泽表面。

沼泽地表为苔草（俗称塔头），由团块状草丘组成，苔草下部一般具有厚度不等的泥炭。因沼泽与其他地貌单元为覆盖关系，沼泽地表以下的地层层序因所覆盖的地貌单元不同而不同。

4. 全新统冲坡积沉积物（Qh^{dal}）

全新统冲坡积沉积物（Qh^{dal}）多位于山地地貌的沟口处，主要是由于受山区雨水片流冲刷以及重力滑脱作用，搬运的碎屑物质在山口呈不规则状展布形成，其碎屑分选以及磨圆度较差，且由于地势低洼，其上多为低位沼泽沉积物覆盖，岩性以砾石、粗砂为主，夹少量黏土，分选及磨圆较差。

第二节　侵　入　岩

工作区位于额尔古纳地块与兴安地块的结合部位，前中生代位于额尔古纳构造岩浆岩带与大兴安岭构造岩浆岩带的结合部位，中生代属大兴安岭岩浆弧新天－环宇构造岩浆岩带，受滨太平洋、蒙古－鄂霍次克两大构造域联合影响，中生代构造岩浆活动强烈，导致区内中生代侵入岩极为发育，且以侏罗纪和白垩纪侵入岩为主，出露面积最大，约占工作区总面积的60%。

依据不同期次岩体侵入关系及同位素测年成果，将工作区侵入岩划分为4个期次，依次为：新元古代、晚寒武世、中－晚侏罗世及早白垩世（表9-2）。工作区大量发育的中－晚侏罗—早白垩世岩浆岩类，表明受蒙古－鄂霍次克洋及滨太平洋两大构造域联合作用影响，工作区发生强烈的陆内造山，早白垩世剧烈的陆相火山喷发，标志这次造山阶段的结束。蒙古－鄂霍次克造山带的左旋挤压致使区内兴华渡口岩群最后以残留体存在。侏罗、白垩纪花岗岩和火山岩中大规模构造破碎现象，说明蒙古－鄂霍次克造山带对工作区的作用仍然十分强烈。早白垩世侵入岩侵入区内下白垩统地层，而区内下白垩统地层是区域上大兴安岭盆岭构造格局的一部分。因此，该期侵入岩是陆内伸展造山的产物。

表 9-2 侵入岩划分简表

时代		填图单位及代号	代号	岩石组合	同位素年龄及测定方法
白垩纪	早白垩世	花岗斑岩	$\gamma\pi K_1$	花岗斑岩	
		碱长花岗岩	$\chi\rho\gamma K_1$	细中粒、细粒斑状碱长花岗岩	134 ± 1.3Ma（LA-ICP-MS） 127.7 ± 0.9Ma（LA-ICP-MS）[1] 127.7 ± 0.3Ma（LA-ICP-MS）[1]
		二长花岗岩	$\eta\gamma K_1$	斑状二长花岗岩	123.0 ± 1.9Ma（LA-ICP-MS） 126.1 ± 2.4 Ma（LA-ICP-MS） 135 ± 1.3Ma（LA-ICP-MS）
				中细粒二长花岗岩	135 ± 1.0Ma（LA-ICP-MS）
		石英二长闪长岩	$\delta\eta o K_1$	中细粒（似斑状）石英二长闪长岩	139.8 ± 1.4 Ma（LA-ICP-MS）
侏罗纪	中－晚侏罗世	闪长岩	δJ_{2-3}	细粒辉石闪长岩	150 ± 2Ma（LA-ICP-MS）
		中细粒、细粒二长花岗岩	$\eta\gamma^5 J_{2-3}$	中细、细粒二长花岗岩	
		中细粒似斑状二长花岗岩	$\eta\gamma^4 J_{2-3}$	中细、细粒似斑状二长花岗岩	155.5 ± 2.7Ma（LA-ICP-MS）
		细中粒、中粒二长花岗岩	$\eta\gamma^3 J_{2-3}$	细中、中粒二长花岗岩	168.6 ± 4.5Ma（LA-ICP-MS）
		细中粒、中粒似斑状二长花岗岩	$\eta\gamma^2 J_{2-3}$	细中、中粒似斑状二长花岗岩	168.8 ± 2.5Ma（LA-ICP-MS）
		粗中粒似斑状二长花岗岩	$\eta\gamma^1 J_{2-3}$	中粗粒似斑状二长花岗岩	
寒武纪	晚寒武世	变质深成岩	$\gamma_m \epsilon_3$	混合岩	494.7 ± 5.1Ma（LA-ICP-MS）
新元古代		基性－超基性岩	$\sum Pt_3$	糜棱岩化蚀变中基性岩、蚀变超基性岩	666.0 ± 5.8Ma（LA-ICP-MS） 696.8 ± 2.9Ma（LA-ICP-MS）[2]

注：本次工作同位素样品测试单位为西安地质调查中心。

①据佘宏全等（2012）。②1：25 万加格达奇、新林镇幅区调修测取得年龄。

一、新元古代基性－超基性岩

工作区新元古代基性－超基性岩不发育，仅出露于图幅西南角大杨气河一带。本期侵入岩受后期构造活动改造明显，发生强烈的糜棱岩化，岩石发生强烈的滑石化、绿泥石化及次闪石化，蚀变较强，呈构造岩块或捕虏体形式产于中－晚侏罗世二长花岗岩或晚寒武世变质深成岩中，糜棱面理产状走向北东向。岩体走向北东向。结合岩石组合、主量－稀土－微量元素成分特征以及构造环境判别图解，工作区内超基性岩、基性岩普遍具有贫铝亚碱性特征，岩石地球化学具有 N-MORB 特征，初步认为本期基性－超基性岩为 N-MORB 的额尔古纳地块与兴安地块之间弧前洋盆闭合过程中洋壳刮削的产物。

二、晚寒武世变质深成岩

晚寒武世变质深成岩主要分布于工作区东北部库楚河及西南角大杨气河东岸，此外在中生代侵入岩内部还有零星捕房体发育，该期岩体受北东向及北西向断裂联合控制，岩体由于时代较老，受后期区域构造热流体活动影响强烈，发育条带状或脉状构造，产状整体北西向或北东向展布，在变质深成岩体内部局部可见中－新元古界兴华渡口岩群二云斜长变粒岩的捕房体（残留体）。晚寒武世混合岩受地壳深层次韧性变形影响强烈，岩石中多见混合岩化形成的条带及矿物拉长定向，局部可见岩石发生韧性褶曲（图 9-9、图 9-10），主要由长英质斜长浅粒质混合岩、长英质角闪斜长质条带状混合岩、黑云条带状混合岩及二云条带状混合岩等组成。混合岩岩石构造差异反映了混合岩化的强度，剖面下部岩石以条带状构造为主，中上部出现脉状混合岩，说明晚寒武世混合岩化作用由早至晚有逐渐减弱的趋势，且混合岩不同的岩石类型很有可能也反映了原岩成分的差异，即下部为黑云斜长变粒岩混合岩化形成的黑云条带状混合岩及斜长浅粒混合岩，向上为斜长浅粒岩混合岩化形成的斜长浅粒混合岩，由于工作区内混合岩化强度不大，岩石中多见原岩残留。

依据以往相关研究成果，混合岩中基体多为原岩残留体，本次通过岩相学研究可知：晚寒武世变质深成岩中多受区域混合岩化作用形成，且岩石中基体主要为斜长变粒岩、黑云斜长变粒岩等区域变质岩（图 9-11、图 9-12），岩石特征与兴华渡口岩群变质岩类似，据 1∶20 万松岭幅区调成果，其原划分的兴华渡口岩群中包含不同构造的混合岩，且通过探槽揭露混合岩与相伴产出的变质岩呈"整合"接触关系，混合岩多沿透入性片理构造产出，说明晚寒武世变质深成岩由与深熔作用相伴的分异作用形成。

图 9-9　晚寒武世条带状混合岩发生韧性褶曲　　图 9-10　晚寒武世混合岩呈板状捕房体形式产于中－晚侏罗世二长花岗岩

图 9-11　长英质角闪斜长质条带状混合岩中矿物重结晶现象明显，且脉体与基质呈相间排列（b7003）

图 9-12　长英质斜长浅粒质混合岩基体中黑云母呈断续定向排列（b5035）

Bt. 黑云母；下同

　　由该期变质深成岩与兴华渡口岩群中的变质表壳岩稀土配分曲线及微量元素蛛网图可知二者具有类似的分布形式，这说明晚寒武世变质深成岩与兴华渡口岩群有直接的成生联系，其很有可能为兴华渡口岩群的变质岩经受区域混合岩化作用形成。

　　本次在工作区西南角右大杨气河西岸采集长英质斜长浅粒质混合岩（变质深成岩）同位素测年样品（GD5035），共计获得 40 个单点年龄，通过分析可知：其中有 2 个点年龄大于 800Ma，分析其锆石形态可知锆石多具有相对较亮的变质增生边，锆石核部多为呈灰黑色，故推断其可能为较老地质体的继承锆石，17 个点年龄大于 500Ma，20 个点年龄小于 500Ma，但年龄相差较小，年龄区间主要变化在 473.9 ～ 519.3Ma，为晚寒武世—早奥陶世。本次获得 28 个点谐和年龄为 494.7 ± 5.1Ma，时代为晚寒武世。

　　值得指出的是本次研究获得的年龄区间能更好地说明混合岩化持续的时间，故如上述，本期混合岩化过程从中寒武世开始一直持续至早奥陶世，时间跨度较大，为方便考虑，本次研究取锆石的谐和年龄为本期变质深成岩的年龄，时代暂定为晚寒武世。

　　结合区域地质资料可知，在整个东北地区，晚泛非期发生过大规模的构造岩浆事件，在额尔古纳地块、佳木斯–兴凯地块均发现了 500Ma 左右的侵入岩出露，而任留东等（2010）

对佳木斯地块上麻山群混合岩化作用研究结果也表明了麻山群也经历过相同地质时期的混合岩化作用，与本次工作获得混合岩年龄 492.5±3.8Ma 较为相近，故本次工作判断工作区内发现混合岩化作用与这一次构造运动关系密切。同时结合区域地质构造演化，该期混合岩化作用与额尔古纳地块与兴安地块的碰撞拼贴有关。

三、中－晚侏罗世侵入岩

中－晚侏罗世侵入岩主体岩性为二长花岗岩，岩体相带较为清楚，由边缘相—过渡相—内部相；岩石结构由细粒花岗结构向似斑状结构（基质具细中粒花岗结构）演变，岩石中矿物粒度有逐渐增粗的趋势，岩浆活动晚期有中性闪长岩小岩株产出，说明本期侵入岩兼具成分及结构演化的特点，为一套富碱、略富碱弱过铝质高钾钙碱性系列 I 型花岗岩。说明在中－晚侏罗世由于遭受蒙古鄂霍次克洋构造域、太平洋构造域的双重影响，大兴安岭地区开始陆内造山及隆升作用，使陆内下地壳底部存在大规模的底侵作用，来自上地幔的玄武质岩浆底侵导致下地壳岩石部分熔融产生的岩浆添加到下地壳底部，同时混入源于地幔的基性岩浆成分（导致岩体中大量闪长质包体存在）经历陆内造山作用形成了本期侵入岩就位。

四、早白垩世侵入岩

早白垩世侵入岩由早至晚依次为石英二长闪长岩→二长花岗岩→碱长花岗岩，且岩石受晚中生代构造作用影响明显，岩石发生不同程度的碎裂，裂隙、节理极为发育。岩浆演化由早至晚酸性及碱性程度明显增强，且逐渐向贫 Mg 质演化，均为准铝质－弱过铝质岩石，且岩石均属高钾钙碱性 I 型花岗岩，属同源岩浆演化的产物。

早白垩世侵入岩源区与板块俯冲增生作用有关，而且岩浆多为玄武质上地幔底侵导致下地壳部分熔融形成，结合区域大地构造背景，早白垩世大兴安岭地区处于伸展构造环境，故本次研究确认其早白垩世侵入岩可能为伸展构造背景下不同层次的地壳熔融并上升侵位形成。

第三节　火　山　岩

工作区中生代火山岩属于晚三叠世以来中国东部构造岩浆岩省（Ⅰ）、大兴安岭构造岩浆岩带（Ⅱ）、古里－呼玛火山喷发亚带（Ⅲ），属活动大陆边缘型钙碱性－高钾钙碱性火山岩系列。位于多布库尔河－塔源林场火山构造盆地（Ⅳ）的东南缘（1∶25 万新林幅），受近东西向火山基底断裂控制，呈近东西向展布，远离火山喷发中心，火山活动较弱，仅在劲松镇东西山有较大面积出露，在太阳沟站、小海拉义河、大海拉义河等地呈零星出露。

工作区内火山活动主要集中在中生代，表现为早白垩世白音高老期陆相火山喷发沉积，主体为一套酸性、中酸性火山岩，且火山为中心式喷发，喷发类型以爆发式为主，喷溢式为辅，火山岩相主要为爆发－空落相、爆发相，少见溢流相、火山碎屑流相及火山沉积相，显示工作区内中生代火山喷发较为强烈，且火山碎屑岩中角砾、岩屑与火山岩多具同源关系，这也间接说明火山具有多期次喷发的特点（图 9-13、图 9-14）。

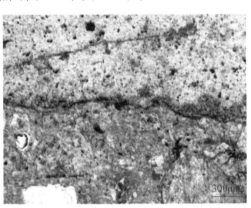

图 9-13　火山角砾岩（劲松镇东山）　　　　图 9-14　流纹质角砾岩屑晶屑凝灰岩

新元古代—早寒武世吉祥沟岩组中也有少量火山岩夹层，以一套变酸性、中酸性火山碎屑岩为主，受后期构造事件影响明显，原岩面貌被强烈改造，出露较少，在此不做分析。

以下主要介绍早白垩世白音高老期板内伸展火山旋回。

下白垩统白音高老组在工作区内多呈北西向展布，可能受北东向基底深大断裂及时代较新的北西向断裂、近东西向断裂控制，主体为一套陆相中酸性火山岩组合，火山岩相主要有爆发相、空落相、火山碎屑流相和溢流相。岩流整体倾向南西向，岩性由西向东由英安质向流纹质火山过渡，说明火山喷发中心由东向西转移，且由东向西岩石酸性程度逐渐增强。且火山岩相多为爆发相、火山碎屑流相及空落相，少见火山沉积相。下面就典型的劲松镇西山 848 高地复式火山机构进行详细描述：

该复式火山机构位于劲松镇早白垩世火山喷发盆地内部，主火山口位于 848m 高地处，在 805m、803m、806m 处为次一级火山口，为中心式火山喷发，火山机构内部放射性沟谷较为发育，且火山口均呈明显正地形。

该复式火山机构由早白垩世白音高老组酸性火山岩组成，由 PMX30 岩性组合及岩相特征可知其共计可划分为 3 个完整火山喷发韵律，分析其规律不难发现，各韵律基本由爆溢相英安质凝灰熔岩开始，至空落相及宁静溢流相结束，局部可见少量火山沉积相，由岩性组合可知火山喷发由早到晚，岩石酸性程度明显增强，火山口南侧地层产状南西向，北侧地层产状北东向，为典型的围斜内倾的火山机构，且主火山口与次一级火山口均具有相似特征。

该复式火山机构火山活动多数从强烈爆发开始，形成火山机构下部层位的英安质凝灰熔岩，火山喷发强度降低，可见少量溢流相英安岩，进入间歇期可见细凝灰岩、凝灰砾岩等火山沉积相，之后火山强烈喷发，岩浆酸性程度明显增加，以爆溢相流纹质凝灰熔岩为主，少见爆发相，之后火山喷发减弱，可见少量溢流相流纹岩出现。

在遥感影像上可以看出，848 高地火山口具明显环状断裂特征，且放射状断裂明显（图 9-15、图 9-16）。

本次工作共计获得 18 个点的锆石 U-Pb 谐和年龄为 143.5±2.0Ma，时代为早白垩世，1:25 万新林幅区调修测在工作区西部 PM020 上见下白垩统白音高老组英安岩喷发不整合覆盖于中–晚侏罗世二长花岗岩之上，且工作区内白音高老组火山角砾岩中可见中–晚侏罗世二长花岗岩的角砾，据 1:5 万望峰公社、太阳沟幅区域地质矿产调查在太阳沟站东发现该期火山岩被早白垩世碱长花岗岩侵入。

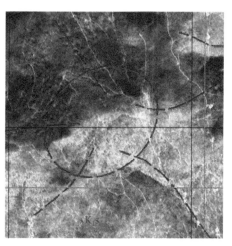

图 9-15 劲松镇西山 848 高地复式火山机构遥感影像图

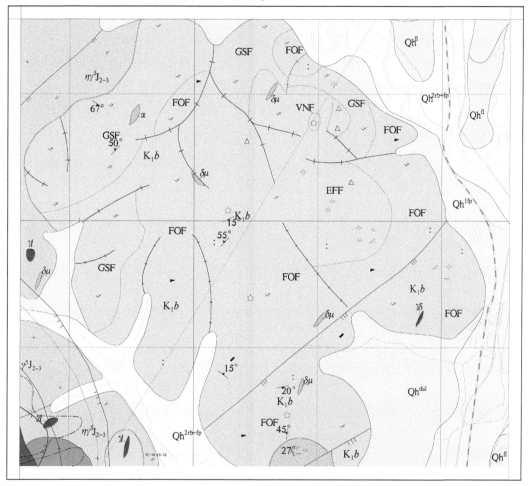

图 9-16 劲松镇西山 848 高地复式火山机构示意图

FOF 代表降落相；GSF 代表地面涌流相；EFF 代表喷发相；VNF 代表火山颈相

工作区内中生代中酸性火山岩属早白垩世拉张体制下形成的钙碱性陆相火山岩，且岩浆源区主要与挤压碰撞形成的火山弧有关，其源区与滨太平洋构造域与蒙古－鄂霍次克洋联合影响的地壳增生过程关系密切，通过区域大地构造背景分析可知工作区内中生代火山岩主要形成于挤压隆升相伴的拉张至造山后伸展构造环境，其形成与玄武质岩浆底侵有关。属早白垩世拉张体制下形成的钙碱性陆相火山岩，且岩浆源区主要与挤压碰撞形成的火山弧有关，其源区与滨太平洋构造域和蒙古－鄂霍次克洋联合影响的地壳增生过程关系密切，通过区域大地构造背景分析可知工作区内中生代火山岩主要形成于挤压隆升相伴的拉张至造山后伸展构造环境，其形成与玄武质岩浆底侵有关。

第四节　区域构造

一、构造单元划分

工作区属Ⅰ级天山－兴蒙造山带东段额尔古纳地块与兴安地块交汇部位，Ⅱ级大兴安岭弧盆系，Ⅲ级新林－环宇蛇绿混杂岩带。本次工作在对前人工作成果的分析和研究的基础上，结合本次工作地质调查成果，划分工作区内构造分区，共计划分 7 个Ⅳ级构造单元（图 9-17）。结合区域大地构造演化背景可知：晚三叠世前大兴安岭地区受古亚洲洋构造

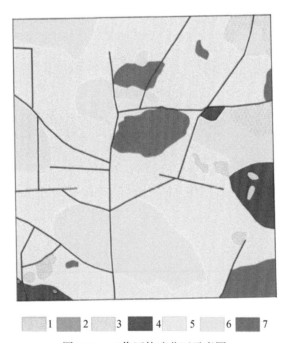

图 9-17　工作区构造分区示意图

1. 中－新元古代基底杂岩；2. 新元古代洋壳残片；3. 新元古代—早寒武世岛弧火山－沉积；4. 晚寒武世混合岩化带；
5. 中－晚侏罗世花岗岩带；6. 早白垩世火山喷发盆地；7. 早白垩世花岗岩带

域影响，历经变质基底演化以及俯冲、深熔阶段，至晚三叠世，区域出露后造山花岗岩，该期花岗岩的被动侵入标志着大兴安岭地区结束碰撞造山过程，进入造山后的伸展塌陷阶段，同时也暗示从晚三叠世末期开始，古亚洲洋构造域对大兴安岭地区的影响逐渐减弱，蒙古–鄂霍次克及滨太平洋构造域为大兴安岭地区构造主导。此基础上，本次工作区构造单元划分如下。

（一）前中生代构造单元划分

1. 中–新元古代基底杂岩

主要出露于工作区西南角右大扬气河东、中东部库楚河东侧及东北部南翁河西岸。该构造单元卷入的填图单位为中–新元古代兴华渡口岩群（$Pt_{2-3}xh$），代表了兴安地块结晶基底。变质岩原岩主要为基–中–酸火山岩、火山碎屑岩、砂质粉砂质泥岩、砂岩等，表明了兴安地块基底的组成成分复杂。工作区该构造单元总体走向呈北东、北北东向，片理走向多成北东向、东西向。因本构造单元在区内出露面积小，形成时代久远，后期受多期构造运动影响，工作中所见的构造变形形迹较少。

2. 新元古代洋壳残片

主要出露于工作区西南角右大杨气河东岸，该构造单元卷入的填图单位为新元古代超基性–基性岩，工作区内出露面积较小，依据区域地质构造背景，工作区毗邻新林–吉峰蛇绿构造混杂带（1 : 25万新林、加格达奇幅区调修测构造单元划分）东南侧，而且在工区西南角外 1 ～ 2km 处出露大理岩–中基性玄武岩的岩性组合，对比本次工作中发现的超基性–基性岩，本书认为其为新林–吉峰蛇绿构造混杂岩残留岩块，虽出露面积较小，但也很有必要将其单独划分出来。

该岩块受到第一次古亚洲洋俯冲闭合作用影响发生大理岩化，局部受到碰撞后走滑影响发育右行剪切韧性变形。另受晚侏罗世—早白垩世鄂霍次克洋闭合产生的走滑剪切影响发育一系列高角度逆冲断层。

3. 新元古代—早寒武世岛弧火山–沉积

主要出露于工作区东部南翁河南岸以及东北部太阳沟站东，卷入该构造单元的主要为新元古代—早寒武世倭勒根岩群（$Pt_3\epsilon_1W$）吉祥沟岩组（$Pt_3\epsilon_1j$），主体为一套变质中酸性、酸性火山碎屑岩夹变碎屑岩，地质体整体呈北东向展布，岩石受后期构造影响发生片理化，但整体变质程度较浅，可能为额尔古纳地块与兴安地块之间洋盆洋内俯冲消减形成，且由区域大地构造演化特征推断其与古亚洲洋俯冲闭合关系密切。

4. 晚寒武世混合岩化带

主要出露于工作区东部库楚河上游、东北部以及西南角大杨气河东西两岸，整体呈断续北东向展布，该构造单元受后期构造岩浆事件影响改造强烈，在工作区其他部位多呈捕房体或透镜体产于中生代侵入岩中，卷入该构造单元的填图单位主要为晚寒武世变质深成岩，其主要岩石组合为长英质斜长浅粒质混合岩等，岩石受区域热流体或其他构造事件影响普遍具有条带状、条痕状等塑性变形，其可能为中–新元古代表壳岩或与其同时期的侵入岩经混合岩化作用形成，结合区域地质资料可知，工作区以北塔河、洛古河等地均发现晚泛非期（相当于萨拉伊尔运动）侵入岩存在，纵观整个东北地区，额尔古纳地块、佳木斯－兴凯地块等均有较多晚泛非期侵入岩出露，这也说明晚泛非期（5Ga 前后）的构造岩浆事件对大兴安岭地区或东北地区是一次影响范围较大的构造运动，故本次工作判断工作区内发现混合岩化作用与这一次构造运动关系密切。

（二）中－新生代构造单元划分

1. 中－晚侏罗世造山花岗岩带

在工作区广泛分布，卷入该构造单元的主要为中－晚侏罗世二长花岗岩以及早白垩世花岗岩，其中中－晚侏罗世花岗岩在工作区内岩石类型较为单一，岩性仅为二长花岗岩，在区域上可见由石英二长闪长岩→花岗闪长岩→二长花岗岩的岩浆演化序列，由岩石地球化学分析可知中－晚侏罗世花岗岩源区均具有大陆弧花岗岩特征，其形成与造山、隆升构造环境有关。

2. 早白垩世火山喷发盆地

主要分布在工作区的中南部、西北部及东北部。总体呈北东、北北东向面状展布，由于本工作区靠近火山喷发盆地边缘，中生代火山喷发强度相对较弱，工作区内火山岩分布也较为零散，卷入该构造单元的填图单位主要为下白垩统白音高老组（K_1b），岩性组合主要为一套中酸性、酸性火山碎屑岩，熔岩出露较少，岩石地球化学特征表现为中－高钾钙碱性火山岩，且其源区性质具有火山弧性质，且物源可能多来源于地幔底侵导致的熔融的下地壳，工作区内早白垩世火山岩多不整合覆盖于中－晚侏罗世二长花岗岩之上，后期构造发育，火山岩中常见韧脆性断裂和岩石碎裂现象。结合区域大地构造演化规律可知，早白垩世大兴安岭地区整体处于伸展环境，地幔底侵导致下地壳的部分熔融应该是该期火山岩形成的主要机制。

3. 早白垩世陆内伸展花岗岩带

早白垩世侵入岩岩浆演化较为齐全，由石英二长闪长岩→二长花岗岩→碱长花岗岩→花岗斑岩，且各期侵入岩源区具大陆弧花岗岩特征，说明其源区与碰撞造山有关，但结合区域大地构造演化特征可知，大兴安岭地区处于伸展构造环境，故推断早白垩世侵入岩可能为挤压隆升相伴的拉张－造山后伸展构造环境，源区可能为上地幔上涌导致下地壳（造山增厚形成）部分熔融形成的，综上中－晚侏罗世—早白垩世岩浆岩与大兴安岭中生代盆山构造演化格局密切相关，其形成、发育、演化过程受到中生代左行走滑剪切影响，发育一系列断层系统。

二、构造事件及构造变形特征

（一）前中生代构造

中元古代—早寒武世构造表现为额尔古纳地块和兴安地块基底形成与演化、第一次古

亚洲洋洋内俯冲 [新元古代 SSZ 型（代表洋壳俯冲背景下形成的蛇绿岩）蛇绿混杂岩基性 – 超基性岩块的出现、岛弧火山岩形成]、额尔古纳地块与兴安地块碰撞拼合。卷入的填图单位主要有中 – 新元古界兴华渡口岩群（$Pt_{2-3}xh$）、新林 – 吉峰蛇绿构造混杂岩基性 – 超基性岩块（ψ-Σ Pt_3）、新元古界—下寒武统倭勒根岩群吉祥沟岩组（$Pt_3\text{\textepsilon}_3 j$）及晚寒武世混合岩（$\gamma_m\text{\textepsilon}_3$）。

根据构造样式和变形特征将工作区中元古代—早奥陶世构造划分为：基底演化和挤压构造事件（D_1）、洋内俯冲构造事件（D_2）、挤压收缩构造事件（D_3、D_4）、晚寒武世—早奥陶世伸展构造事件（D_5）。

1. 基底演化和挤压构造事件（D_1）

兴华渡口岩群原岩为一套基 – 中 – 酸性连续演化的火山弧后造山带火山岩和岛弧浅海沉积岩，即应属于汇聚构造环境活动陆缘火山岛弧和弧后盆地构造环境。据区域地质资料，兴华渡口岩群在古元古代末期高角闪岩相深变质作用导致发生强烈的塑性流变、韧性剪切变形和多期褶皱变形，区域上可见深成岩侵入，构成西伯利亚板块南缘陆缘增生带，从而构成工作区变质基底。但因工作区后期构造 – 热事件破坏在工作区内出露较少且零散，多呈断块状或透镜状捕房体形式被裹挟在中 – 晚侏罗世侵入岩、火山岩中，该构造单元在基底演化过程中发生了高绿片岩相 – 低角闪岩相区域变质及动力变质作用，岩石类型为变粒岩、片岩、角闪岩、浅粒岩等。岩石中的构造表现为透入性片理、片麻理、条带状构造，同构造分异脉体及小型褶曲等（图9-18）。

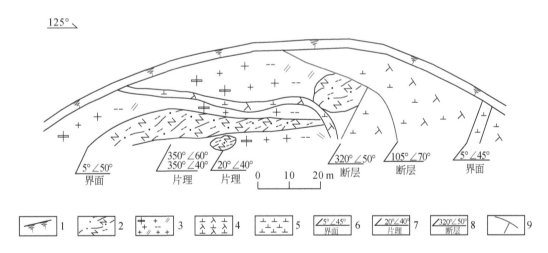

图9-18 兴华渡口岩群捕房体形式产出，黑云斜长变粒岩具明显片理化、条带状构造（D3164）

1.第四系腐殖土层；2.中 – 新元古代兴华渡口岩群（$Pt_{2-3}xh$）二云斜长变粒岩（捕房体）；3.中 – 晚侏罗世细中粒、中粒似斑状二长花岗岩（$\eta^2 J_{2-3}$）；4.闪长玢岩；5.闪长斑岩；6.接触界面及产状；7.片理产状；8.断层产状；9.断裂

2. 洋内俯冲构造事件（D_{2-1}、D_{2-2}）

在本次工作中发现新元古代超基性岩 – 基性岩，对比区域的地质资料，应为新元古代—早寒武世SSZ型蛇绿构造混杂岩残片，1：25万新林、加格达奇幅区调认为在新元

古代第一次古亚洲洋存在洋内俯冲，在新林 - 吉峰蛇绿构造混杂岩带，发育 SSZ 型蛇绿岩残片及洋岛海山建造，产生火山弧花岗岩。在新林 - 塔源处出露 SSZ 型蛇绿岩残片，呈构造岩块形式产出，且与周边地质体多呈构造接触（断层、韧性剪切带分割）。该残片出露不完整，见有超基性岩、辉长岩、玄武岩。见有代表了 SSZ 型蛇绿岩组合的辉石岩堆晶岩系。而且新元古代侵入岩（岛弧花岗岩）由于在新元古代—中寒武世第一次古亚洲洋由南东向北西俯冲，额尔古纳地块与兴安地块碰撞拼合后走滑影响发育韧性变形，出露在大扬气林场西左大扬气河上游及其附近一带。

本次工作在工作区内发现新元古界—下寒武统倭勒根岩群（$Pt_3\epsilon_1W$）吉祥沟岩组（$Pt_3\epsilon_1j$）弧前或弧后不稳定复理石沉积，代表了额尔古纳地块与兴安地块之间洋盆的洋内俯冲作用。

3. 额尔古纳地块与兴安地块碰撞拼合事件（D_3）

晚寒武世，额尔古纳地块与兴安地块碰撞、拼合，工作区进入挤压收缩构造变形阶段，工作区发育逆冲推覆构造和右行走滑剪切。卷入该构造事件的地质单元有兴华渡口岩群（$Pt_{2-3}xh$）、新元古界—下寒武统倭勒根岩群（$Pt_3\epsilon_1W$）吉祥沟岩组（$Pt_3\epsilon_1j$）、晚寒武世变质深成岩（$\gamma_m\epsilon_3$），该期构造样式主要为顺层固态流变褶皱、韧性剪切带等韧性变形，脆性构造不甚发育。

（1）顺层流变褶皱。主要见于晚寒武世变质深成岩、兴华渡口岩群中，主要以岩石发生混合岩化的塑性变形为特征，表现为深色基体（古成体）和新生脉体构成的条带状、条痕状构造，局部形成塑性流变褶皱，顺层固态流变褶皱在兴华渡口岩群中发育较多（图9-19），黑云斜长变粒岩中见有长英质脉体、无根褶皱等。

图 9-19　晚寒武世混合岩条带状构造以及发生的塑性流变褶皱

（2）韧性剪切带。本次工作识别的韧性剪切带共计 4 条，整体走向 NE，岩石多发生强烈糜棱岩化及碎裂等动力变质变形，靠近糜棱岩带中心位置多发育长英质糜棱岩，岩石动态重结晶普遍，重结晶石英、长石，不规则微粒镶嵌，普遍分布。残斑具定向排列特征，基质中暗色矿物角闪石、黑云母、动态重结晶矩形石英团块呈条带状排列。残斑为碱性长石和少量斜长石、角闪石，长轴具定向排列特征。碱性长石成分主要为条纹长石，呈眼球状、拉长眼球状，波状消光，变形带发育，粒径 0.5～3.75mm。斜长石呈他形粒状，具磨圆特征，长轴具定向排列特征，粒径 0.25～1mm。残斑含量 35% 左右。糜棱基质动态重结晶微粒石英、长石，不规则粒状镶嵌，普遍分布。同时见暗色矿物集合体发育。其中动态重结晶的石英团块和暗色矿物集合体呈条带状分布，定向排列。含量 65% 左右。韧性剪切带边部的构造岩多为糜棱岩化碎斑岩，岩石由碎斑和碎基组成，碎斑主要为长石或岩石碎块。矿物碎斑成分主要为条纹长石和斜长石，呈浑圆状，发育波状消光、变形纹、变形双晶。部分矿物碎屑之间可拼接。矿物碎斑常显微裂隙，沿裂隙见有晚期热液蚀变矿物绿泥石等充填。岩石碎块多呈浑圆状、不规则状，多为具碎裂特征的花岗质岩石，裂隙常见为后期热液蚀变矿物绿泥石等充填。碎基由 0.02mm 左右的重结晶长英质微晶组成，具粒状变晶结构。局部见其受剪性应力显糜棱组构特征。由糜棱岩向糜棱岩化碎斑岩过渡也指示了该韧性剪切带构造变形层次由深变浅的特征（图 9-20）。

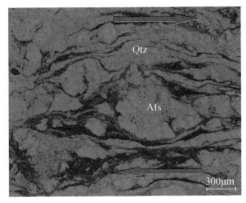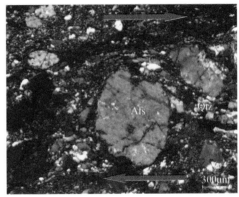

图 9-20　太阳沟站东韧性剪切带内旋转碎斑，显示为右行剪切特征

工作区中生代时期古亚洲洋构造域活动已基本结束，开始受蒙古 – 鄂霍次克及滨太平洋构造域联合影响，据区内构造发育特点，将中生代构造演化划分为中 – 晚侏罗世酸性岩浆侵入事件（D_4）、早白垩世早期火山喷发沉积事件（D_5）、早白垩世岩浆侵入事件（D_6）等 3 个地质构造事件，构造样式以韧脆性断裂构造为主。

（二）中生代构造

1. 中 – 晚侏罗世酸性岩浆侵入事件（D4）

区内中 – 晚侏罗世受滨太平洋构造域影响，以剪切走滑为主，形成 NE-SW、NW-SE 向活动脆性深大断裂，NE、NW 向深大断裂附近及断裂交汇处发生大规模的酸性岩浆侵入事件，中 – 晚侏罗世具有与板块俯冲碰撞有关的大陆弧花岗岩性质，故本期花岗岩岩浆源区与碰撞造山过程中增厚的地壳关系密切。

2. 早白垩世火山喷发事件（D5）

早白垩世火山喷发事件，受蒙古－鄂霍次克洋造山后伸展和滨太平洋板块向中国大陆俯冲双重作用影响，区内早白垩世发生较为强烈的火山活动，主要表现为早白垩世白音高老期中酸性火山岩，岩性组合为流纹岩、流纹质火山碎屑岩、英安岩、英安质火山碎屑岩。构造背景属陆相板内火山岩，具活动性大陆边缘型火山建造特征。区内火山构造发育，在重磁遥等多种方法总结和研究下，火山环状断裂构造、火山断裂发育明显，火山沉积盆地发育。

3. 早白垩世晚期中酸性岩浆侵入事件（D6）

工作区内早白垩世岩浆活动较强，主要为中－酸性岩浆岩侵入，主要由二长花岗岩、斑状二长花岗岩、碱长花岗岩、花岗斑岩组成，早白垩世花岗岩源区普遍具有火山弧花岗岩特征，其可能来源于碰撞造山过程中的增厚的地壳，多数学者（许文良等，1999；赵春荆等，1995；孙德有等，2001）认为早白垩世花岗岩的成因与太平洋板块俯冲有关。早白垩世晚期库拉板块（100～60Ma）开始向东亚大陆做正向俯冲（殷长建等，2000），改变了东亚活动大陆边缘的应力场方向，导致 NE-SW 向和 NW-SE 向深大断裂发生张扭性拉张，诱发深源玄武质岩浆上侵，重熔了地壳物质后产生石英二长质－花岗质岩浆，就位于 NE、NW 向深大断裂附近及断裂交汇处。随着挤压作用增强，地壳物质发生重熔，形成中酸性、酸性岩浆，沿 NW 向和 NE 断裂被动就位。

4. 中生代断裂构造

中生代以来，受滨太平洋及蒙古－鄂霍次克两大构造域联合影响，在工作区内形成挤压构造体制，以区内发育不同方向和期次的断裂与节理为特点。主要断裂构造为 NE 向，次为 NNE 向、NW 和 NWW 向，早白垩世的花岗岩总体呈北东向展布说明了这一点。深大断裂的持续多次活动，控制了区内各期次火山喷发和岩浆侵入，同时晚期构造又对先成地质体及构造起着破坏和继承作用。

（1）近 EW 向断裂。区内 EW 向断裂主要在工作区中部（多布库尔河西段）、中北部（库楚河）出露，对中生代地质填图单元有着重要影响，在断裂两侧岩石普遍具碎裂现象，节理发育明显。更是工作区外西部岔路口钼矿控矿的主要断裂。本次工作中在多布库尔河西段、库楚河一线人工露头上多见断层破碎带，断层产状一般较陡，多大于 45°，接触断面岩石碎裂明显，具断层破碎带，断层角砾等，且岩石多遭受蚀变矿化。断裂应力特征显示为挤压、脆性断裂。

①多布库尔河西段断裂（F_{16}）

该断裂位于工作区中部，壮志林场西检查站，沿多布库尔河河谷展布，走向 75°～95° 之间，呈近东西向，通过野外观察近东西向断裂多为高角度正断层，断裂切割中－晚侏罗世二长花岗岩，断裂带内岩石常见脆韧性变形，沿多布库尔河西段观察断裂带内常见一些次级滑动面，且滑动面上擦痕明显，可见明显的绿帘石等新生矿物（图 9-21），该断裂具多期活动的特点，露头尺度上可见其错断近南北向断裂和后期侵入的闪长玢岩等脉岩体（图 9-22～图 9-24），而且断裂在遥感解译上显示线性构造特征明显。

图 9-21　F16 断裂次级滑动面，擦痕明显，产状 165°～185°∠65°～70°（PM34-44）

②新天断裂（F_{12}）

该断裂位于新天镇附近，工作区内延伸约 20km，图幅外延伸约 19km（据 1：20 万松岭区幅），断裂走向 NE85°～90°，地貌上显示明显负地形，整体呈波状延伸，倾角近直立，微向南倾，断裂两侧岩石受构造挤压强烈，发生破碎，断裂切割中－晚侏罗世二长花岗岩以及早白垩世斑状二长花岗岩，并控制早白垩世斑状二长花岗岩呈近东西向展布，据 1：20 万松岭区幅区调成果可知，该断裂通过脆性岩性区两侧矿物呈定向排列，且定向长轴方向与主断面平行，而且断裂具压扭性特征，柔性岩性区可见小揉皱，而且在破碎带内可见透镜状断层角砾。

图 9-22　F16 次级断裂错断近南北向断裂，
产状 165°～185°∠65°～70°

图 9-23　F16 次级断裂错断后期侵入的闪长　　　图 9-24　F16 次级断裂形成正断层破碎带，
玢岩脉　　　　　　　　　　　　　　　　　后期花岗斑岩沿破碎带侵入

此外东西向断裂还有太阳沟 872 高地断裂（F_{10}）、库楚河上游断裂（F_{15}）、条阿泥塔山北断裂（F_{16}），大海拉义河中游 – 小海拉义河中游断裂（F_{17}），这些断裂均具上述特点，为压扭性正断层。

（2）近 SN 向断裂。工作区内近 SN 断裂主要出露于工作区中西部及西南角，断裂多沿小海拉义河、大海拉义河以及嘉拉巴奇河—多布库尔河河谷展布，断裂多切割中 – 晚侏罗世二长花岗岩，断裂以脆性变形为主，两侧岩石发生强烈碎裂，局部可见中 – 晚侏罗世二长花岗岩受该期构造影响发生轻微韧性变形，花岗岩中黑云母等片状矿物及石英呈现明显定向，形成片麻状构造，并伴随绿帘石化、硅化及黄铁矿化等，并在右大杨气河下游见轻微辉钼矿化，部分南北向断裂被北西向及东西向断裂错断。

①嘉拉巴奇河 – 多布库尔河断裂（F_6）

该断裂呈南北向近乎贯穿工作区，主要沿嘉拉巴奇河—多布库尔河下游河谷展布，南北向长约 65km，地貌上形成宽阔的南北向河谷，且河谷两侧呈锯齿状，断裂切割中 – 晚侏罗世二长花岗岩以及早白垩世白音高老组中酸性、酸性火山岩（图 9-25），断层整体倾向西，断层面呈波状展布，倾角一般较陡，在工作区南部大杨气镇北可见 F_6 的次级断层破碎带，带内岩石发生碎裂及绿帘石化，后期沿构造破碎带可见花岗细晶岩脉侵入，断层面产状为 270°∠30°，且露头尺度上可见闪长玢岩脉沿断层破碎带侵入，受 F6 断裂控制明显，侵入产状为 255°∠75°（图 9-26 ～图 9-28）。且在露头尺度上局部可见二长花岗岩中矿物具韧性变形特征，石英呈拉长定向状，说明该断裂具韧性变形特征。

本次工作在嘉拉巴奇河上游发现 F6 断裂主要表现为一系列断层破碎带，且切割早白垩世碱长花岗岩，断层两侧岩石发生强烈碎裂，且岩石受构造热液影响发生硅化、黄铁矿化及辉钼矿化。

②大海拉义河断裂（F_4）

该断裂位于工作区西北部，为区内较为重要的近南北向断裂，主要沿大海拉义河河谷展布，断裂延伸约 28km，地貌呈明显的负地形，控制流水的展布，该断裂切割中 – 晚侏

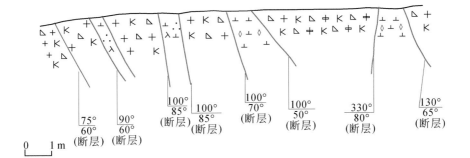

图例：

图例	名称	图例	名称
	碎裂粗粒碱长花岗岩		碎裂细中粒似斑状碱长花岗岩
	闪长玢岩		碳酸盐化闪长岩脉
	断层产状		观察方位角

图 9-25 嘉拉巴奇河上游早白垩世碱长花岗岩工作中断裂素描图

图 9-26 大杨气北 F6 断裂次级构造
侵入的闪长玢岩脉

图 9-27 大杨气北 F6 断裂产于中－晚侏罗世
二长花岗岩中的次级断层破碎带

图 9-28 大杨气北 F6 断裂产于中－晚侏罗世
二长花岗岩中的次级断层滑动面，擦痕明显

罗世二长花岗岩（图 9-29），露头程度上可见受该断裂的次级断裂控制的闪长玢岩脉侵入中－晚侏罗世二长花岗岩中之后被近东西向断裂错断（图 9-30、图 9-31），且二长花岗岩受构造影响局部发生糜棱岩化形成片麻状构造（图 9-32）。

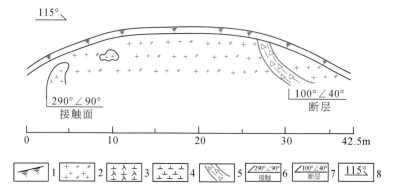

图 9-29 D3159 点人工露头近南北向断层、破碎带素描图

1.第四系腐殖土层；2.中－晚侏罗世细中粒二长花岗岩；3.闪长玢岩；4.闪长质体；5.断裂破碎带；

6.接触界面及产状；7.断层产状；8.素描方位

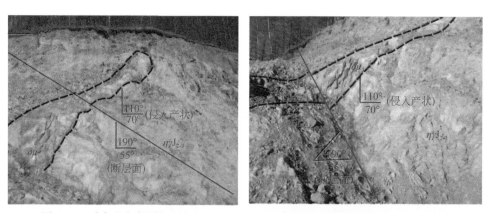

图 9-30 受南北向断裂控制侵入的闪长玢岩脉被近东西向断裂错断（PM34-80）

图 9-31 近东西向断裂错断近南北向断裂，而后二者被北西向断裂错断，北西向断裂控制后期脉岩侵入

图 9-32 受 F4 断裂影响，中－晚侏罗世二长花岗岩局部发生韧性变形，形成糜棱岩化（PM34-80）

（3）NE 向断裂。北东向断裂为工作区内的主要断裂，且该期构造具有多期继承性活动的特点，控制工作区内中生代火山岩的展布方向，以伊勒呼里山 919 高地断裂（F7）为代表。

该断裂南起新天镇东，向北东向延伸至太阳沟站东，全长约 12.5km，地貌上显示明显的负地形，遥感影像上呈现明显的线性分布，航磁呈现明显低磁带，该断裂切割中－晚侏罗世二长花岗岩以及早白垩世火山岩，从地质体空间分布上来看，工作区内中－新元古界兴华渡口岩群、晚寒武世混合岩及早白垩世火山岩明显沿 NE 向构造带呈零星展布，而后该断裂又发生继承性活动，切割白垩纪地质体（图 9-33）。

断层两侧岩石受强烈加压作用发生破碎，且破碎带中可见构造角砾岩和断层泥，发育次生石英脉，与其相似产出的还有 F9、F10、F20 等。

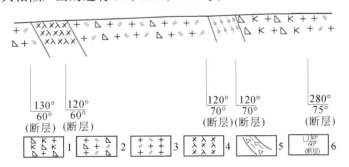

图 9-33 嘉拉巴奇河北东向断裂切割早白垩世侵入岩并控制脉岩侵入

1. 早白垩世碎裂碱长花岗岩；2. 中－晚侏罗世碎裂细粒二长花岗岩；3. 中－晚侏罗世细粒二长花岗岩；4. 辉绿玢岩；
5. 断层破碎带；6. 断层产状

（4）NW 向断裂。北西向断裂为工作区内发育较晚的断裂，断裂多分布于工作区西北部及西南部，断裂延伸较为稳定，遥感影像或航磁异常图中均有较为明显的显示，且露头尺度上可见其错断北东向断裂等早期断裂，从地质体空间展布上看，早白垩世火山岩及侵入岩受该构造影响较为明显，多被其切割或沿该组断裂方向展布，断裂总体走向

NW300°～320°，倾角30°～50°，在劲松镇东山路堑上可见北西向高角度正断层，断层面较为光滑，擦痕、阶步明显（图9-34、图9-35）。

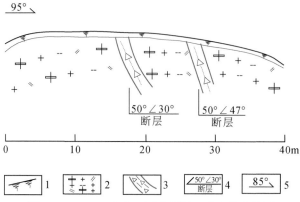

图 9-34　D3156 点人工露头断层、破碎带素描图

1. 第四系腐殖土层；2. 中 – 晚侏罗世中细粒似斑状黑云母；3. 断层破碎带；4. 断层产状；5. 观察方位角

图 9-35　D3156 点人工露头断层、破碎带素描图

（三）新生代构造

工作区新生代构造主要继承中生代脆性断裂构造的运动方式及构造格架，以差异性断块升降为主，新生代构造既具有继承性，还具有一定的新生性和差异性。代表性的新生代构造形迹主要为夷平面、阶地、活动断裂。

1. 兴安期夷平面

区内夷平面较为发育，以兴安期夷平面为主，具层状地层的特点。地貌上表现平坦的脊岭、近于等高的平坦开阔山峰。区域遥感资料上表现为平坦丘岗状形态或平台状山顶，以一套水平产出的碎石层、分化砂上层、黏上层组成。伊勒呼里山近东西向横过工区北部，区内山地的海拔上显示出北高南低，西高东低特征。近东西向伊勒呼里山地的渐次升高，致使海拔910～1100m伊勒呼里山岭脊夷平面至其下岭脊渐降到700m左右，至山前渐降到500～550m，从而显示出隆升与掀斜构造发育特点。显示为不同高度同级夷平面，可能为第四系经长期侵蚀和剥蚀作用影响形成的。

2. 阶地

区内的河流阶地是新构造运动的最明显的标志之一，主要发育于区内的主要水系、河流两侧或一侧，区内的主要河流为多布库尔河、嘉拉巴奇河、大海拉义河、小海拉义河、库楚河、南翁河、右大杨气河等（图9-36）。阶地在区内各河流两岸普遍发育。尤以穿越工区的主干河流多布库尔河较为明显，其阶地前缘较河漫滩明显高出0.5～1.5m，形成阶梯和陡坎，而后部呈缓坡与低山过渡，河谷内沉积物厚度一般达10m以上，河漫滩宽约1km。区内高河漫滩物质组成主要为冲坡积物和冻融堆积物，植被以高位沼泽为主，主要由土壤冻层隔水引起，主要为以丛桦、苔草为主的灌木丛化沼泽，以及修氏苔草为主的草甸化沼泽。低河漫滩物质主要为河流冲洪积物和冻融堆积物，植被以低位沼泽为主，由于邻近河流水位，积水引起，主要类型为塔头苔草、小叶樟沼泽等。

图9-36　多布库尔河河谷阶地

在多布库尔河谷、大小海拉义河谷、库楚河谷中见阶地发育。可以看出，工作区自第四纪以来经历了较为频繁的断块抬升运动。

3. 活动断裂

区内活动断裂比较发育，主要是沿中生代构造继承性发展，其显著特征是形成张性断裂谷，与现代河谷相吻合，延伸长，两侧水系成格状排列，切割程度不同。横切伊勒呼里山岭脊的线性沟谷断裂和南北向小海拉伊河、大海拉义河、嘉拉巴奇河、库楚河断裂箱型宽谷发育特征，均说明了新构造继承性活动的强烈。

三、构造演化

调查区地质构造演化历史可以概括为中 – 新元古代大陆结晶基底形成阶段（Pt_{2-3}）、新元古代晚期—早寒武世（Pt_3-$\in_1$）洋盆俯冲消减阶段、额尔古纳地块与兴安地块碰撞拼合造山后伸展阶段（$\in_3$）、陆内盆山构造阶段（J_2-K_1）、板内差异性升降阶段（K_2-Q），构造演化过程见图 9-37。

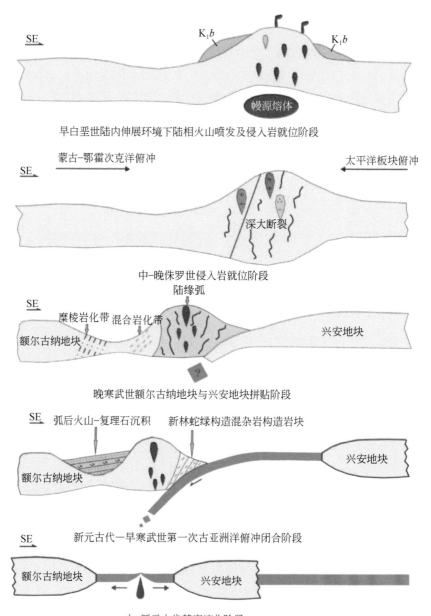

图 9-37 区内构造演化示意图

（一）中 – 新元古代大陆结晶基底形成阶段（Pt$_{2-3}$）

中 – 新元古代兴华渡口岩群的形成和演化阶段代表了兴安地块的结晶基底形成，兴华渡口岩群原岩为基 – 中 – 酸性一套连续演化的火山弧后造山带火山岩和岛弧浅海沉积岩，即应属于汇聚构造环境活动陆缘火山岛弧和弧后盆地。虽基底杂岩成分复杂，但岩石的岩性演化上具有弧后盆地沉积建造与陆缘火山岛弧火山建造的过渡特征，推测认为在中－新元古代前，大陆环境是接受沉积、相对稳定的阶段，后发生火山活动，认为所处的环境为板内向板边过渡。中－新元古代阶段发生区域热动力变质作用，兴华渡口岩群形成一套低绿片岩相－低角闪岩相的变质岩系。兴安地块的结晶基底基本形成。

（二）新元古代晚期—早寒武世（Pt_3-ϵ_1）洋盆俯冲消减阶段

区域上认为新元古代—早寒武世（Pt_3-ϵ_1）第一次古亚洲洋洋盆沿新林—吉峰—头道桥一线闭合。据 1∶25 万新林、加格达奇幅区调修测（2015 年）地质资料，额尔古纳地块与兴安地块之间的洋盆俯冲，发育具有弧前盆地性质的 SSZ 型蛇绿岩（超镁铁质岩－镁铁质岩、辉长岩）及洋岛海山建造，代表了新元古代存在洋内俯冲。区内西南角处所发现的两处超基性岩、基性岩，属新林－吉峰蛇绿混杂岩，此外本次工作在工作区内发现新元古界—下寒武统倭勒根岩群（$Pt_3\epsilon_1W$）吉祥沟岩组（$Pt_3\epsilon_1j$）活动大陆边缘弧后火山－复理石建造，这也代表了额尔古纳地块与兴安地块之间洋盆内俯冲作用，与古亚洲洋第一次俯冲关系密切。

综合区域上的资料认识：第一次古亚洲洋在新元古代发生洋内俯冲，出现弧后盆地 SSZ 型蛇绿岩，在新元古代晚期俯冲持续出现岛弧花岗岩，发育新元古代—早寒武世弧盆系（弧前盆地、弧后盆地、洋岛－海山）。

（三）额尔古纳地块与兴安地块碰撞拼合造山后伸展阶段（ϵ_3）

该阶段额尔古纳地块与兴安地块碰撞、拼合，表现为新元古代—早寒武世岛弧火山岩等发生明显片理化，在工作区内乃至在区域上形成大规模的混合岩化作用，而且区域上晚寒武世—早奥陶世后造山花岗岩套的出现，代表了额尔古纳地块和兴安地块碰撞拼合在一起，任留东等（2010）在佳木斯－兴凯地块上对麻山群的混合岩化特征研究也显示在500Ma 前后（相当于晚泛非期）发生的强烈的构造岩浆活动是麻山群发生混合岩化的直接原因，这一期构造事件不仅奠定了大兴安岭地区早古生代的构造格局，而且对整个东北地区均有所影响。

（四）陆内盆山构造阶段（J_2-K_1）

依据前人研究成果可知岩石圈减薄是中国东部地质演化的基本事实（Gao et al.，2002；吴福元等，2003；孟凡超等，2014），岩石圈减薄导致软流圈地幔上涌与上覆地壳接触，导致下地壳的部分熔融发生强烈的岩浆活动，而拆沉作用是大兴安岭地区中生代岩石圈减薄的重要方式，但拆沉机制存在较大争议，多数学者认为拆沉作用与太平洋板块俯冲挤压导致的地壳增生有关（Zhang et al.，2010），也有些学者认为是地壳增生与蒙古－鄂霍次克洋闭合后陆陆碰撞的结果，拆沉作用主要发生于造山后的伸展环境（Wang et al.，2006；Xu et al.，2013；孟凡超等，2014），大兴安岭地区距离太平洋俯冲带较远（＞1500km），太平洋板块俯冲对大兴安岭地区影响较小，故其岩石圈加厚作用与蒙古－

鄂霍次克洋闭合关系更为密切（孟凡超等，2014）。

故本次工作认为三叠世后期，工作区结束了古亚洲洋构造域作用阶段，华北与西伯利亚两大板块拼合结束，工作区在早侏罗世后受蒙古－鄂霍次克和滨太平洋两大构造域联合影响和控制，进入中生代陆内盆山构造演化阶段。中生代大兴安岭北段岩浆活动主要与蒙古－鄂霍次克构造域关系密切，中－晚侏罗世蒙古鄂霍次克洋向南俯冲，大兴安岭地区形成一套具火山弧性质的高钾钙碱性侵入岩，工作区内中－晚侏罗世花岗岩的侵入即是该期构造运动的产物，通过分析，工作区内中－晚侏罗世花岗岩具大陆弧花岗岩特征，暗示该期花岗岩源区可能来源于增厚的下地壳。至早白垩世，大兴安岭地区处于蒙古－鄂霍次克洋闭合后的伸展阶段，由西伯利亚板块与额尔古纳地块碰撞增厚的地壳在拉张环境下发生拆沉，幔源熔体底侵，导致上覆地壳发生部分熔融，形成一套钙碱性酸性－中酸性陆相火山岩，具有火山弧性质的源区也暗示早白垩世火山岩也可能与碰撞造山过程中增厚的地壳关系密切。

（五）板内差异性升降阶段（K_2-Q）

新生代以来完全进入板内环境，以差异性升降活动为主，新近纪晚更新世以后，以断块差异性升降和掀斜构造为主要特点，大的河谷不断下切，形成新的阶地，沉积了现代河流堆积物（高河漫滩和低河漫滩沉积物），在河谷低洼处发育有松散砂砾及黏土堆积。同时，差异性升降形成了大的河谷、河流，而河流的溯源侵蚀作用塑造了当今的地理、地貌形态特征。

第五节　区域地质调查评述

常规森林沼泽浅覆盖区地质填图工作中，由于基岩露头少，可以观察的地质现象少，连续性差，工作中常常利用转石或局部零散露头。对于隐伏的岩体、地层、构造、矿产（化）以及地表地质现象在深部发生的变化情况极难掌握。绘制的基础地质图件，专业信息单一，综合信息难以表达。

专业性的地质填图工作主要围绕填图单元展开，查明区内地层、岩石、构造基本特征。在充分收集利用已有地、物、化、遥资料基础上，综合整理资料，对区域地质概况进行详细分析，确定重点填图任务，开展针对性工作。

一、地层、地貌单元调查情况

中－新元古界兴华渡口岩群（$Pt_{2-3}xh$）、新元古界—下寒武统倭勒根岩群（$Pt_3\epsilon_1W$）吉祥沟岩组（$Pt_3\epsilon_1 j$）由于分布范围较小，主要采取路线调查和剖面测制等工作手段，辅以遥感、航磁解译工作。

大面积出露的下白垩统白音高老组（K_1b）主要采取遥感解译火山岩岩体分布范围、航磁推断可能的岩性叠置、路线地质调查重点进行岩相和构造调查，并采用剖面重点控制方法来保障调查内容的丰富、科学依据充足。

4 个地貌填图单元主要采取遥感解译和路线调查验证相结合的工作手段。

以上方法有机结合能很好地满足森林沼泽浅覆盖区地质填图的工作要求。

二、侵入岩、火山岩调查情况

工作区侵入岩划分为 4 个期次，依次为：新元古代、晚寒武世、中－晚侏罗世及早白垩世。大量发育中－晚侏罗世—早白垩世岩浆岩类。工作区内火山活动主要集中在中生代，表现为早白垩世白音高老期陆相火山喷发沉积，主体为一套酸性、中酸性火山岩，具有多期次喷发的特点。

侵入岩、火山岩调查工作应以遥感解译验证、结合航磁进行线环型构造调查，并结合样品测试、物性测试等工作来确定填图单元。采取针对性地面路线地质调查和剖面测制确定填图单元体征，同时兼顾小岩体在矿产方面的特殊意义。

由于工作区内侵入岩、火山岩大面积出露，而岩石地球化学特征的获取直接有效，故本次工作中充分利用土壤化学成分反演基岩化学成分的方法技术来反演地质体。在路线调查、剖面测制、遥感解译、异常查证等方面提供很好的互补验证依据。

三、构造调查情况

工作区划分 7 个 IV 级构造单元。晚三叠世前大兴安岭地区受古亚洲洋构造域影响，历经变质基底演化以及俯冲、深熔阶段，至晚三叠世，区域出露后造山花岗岩，结束碰撞造山过程，进入造山后的伸展塌陷阶段，从晚三叠世末期开始，蒙古－鄂霍次克及滨太平洋构造域为大兴安岭地区构造主导。

构造基本素材的获取，首先要充分利用区内出露的天然或人工露头、路堑来直接观察。其次，在遥感解译、航磁特征分析以及土壤地球化学反演地质体过程中要充分利用构造的内在规律来确定构造性质。最后构造的主导下的地质活动规律和地质现象要及时总结，例如构造期次内同时代填图单元普遍的构造延展特征。

第十章　综合填图实践

本次浅覆盖区地质填图工作按照 2016 年 2 月中国地质调查局下发的《1∶50000 覆盖区区域地质调查工作指南（试行）》要求进行工作。具体的技术规范参考该指南的要求，不另详述。本次工作主要突出物、化、遥等数据的反演和解译与地质体、地质现象的内在联系，以增加地质填图工作的针对性，提高工作质量，突出工作成果，降低工作强度。整体工作遵循数据收集开发利用并形成块体信息图→工作中有针对性验证和修正→工作后期进行综合剖面实际验证→项目总结阶段进行综合信息反演的步骤。物、化、遥数据的开发利用始终贯穿地质填图的整个工作，以达到方法的互补、互证和提高。

通过 1∶5 万航磁数据及多遥感数据源（Landsat 7/ETM+、Landsat 8/OLI、ALOS、SPOT 6、高分一号）反演、解译，编制磁性体分布图及遥感解译地质草图，开展有目的的地质调查验证工作，改善传统填图方法的机械性及盲目性。通过地质－化探－物探－遥感综合填图剖面测制，建立填图单元典型的岩性、化学成分、磁性、放射性及遥感影像特征，从而连接填图单元与地球物理、地球化学、遥感数据之间的联系，依据地质验证及物性测试成果，完善并建立物探、遥感反演、解译的特征模型及解译标志。

通过开展 1∶5 万土壤地球化学测量进行土壤地球化学成分反演，通过对土壤地球化学数据"均一化"校正以及单个土壤数据碎屑矿物提取等方法，依据邱家骧岩石学分类，初步确定岩石类型，并编制地球化学单元图，形成地球化学反演地质草图。

在遥感、航磁、土壤反演解译的基础上，综合物化遥反演解译地质单元的特征，编制物化遥综合反演地质图。

填图工作中综合以上信息要点，主要沿主山脊布设路线，应用精测路线和主干路线对遥感影像上有差异的地段、物化信息异常地区及构造发育部位进行重点调查和验证，系统搜集工作区内岩石、构造及矿化蚀变等野外第一手资料。综合调查信息，在岩石出露较为典型的地段开展综合剖面测制及浅钻工程验证，以获得工作区内主要填图单元的地、物、化、遥等综合信息，丰富地质矿产图内容，验证地质界线和其他地质信息。

第一节　基础地质工作填图成果

填图工作需要综合信息的支撑，地质路线和剖面测制能直接反映填图单元的地质现象。但是，在森林沼泽浅覆盖区基岩露头少，植被覆盖广，残坡积堆积物普遍发育的条件下，地质现象的观察受到极大制约。填图信息收集难、验证难严重影响了填图工作。所以按照基岩区工作方法系统地开展填图工作,尤其是利用难得的露头进行地质信息收集非常重要。

基础地质填图的工作成果已经在区域地质背景中介绍。现就路线地质调查、重要露头地质观察和剖面测制等工作手段取得的成果进行补充说明。

一、路线地质调查成果

利用常规路线、主干路线、路堑路线等方式进行路线地质调查,重点将地表地貌调查与基岩地质相结合。以 L4231 路线为例(图 10-1),该路线沿山脊布设,保证地质点均为残积点或露头点,目的是控制下白垩统白音高老组与中 – 晚侏罗世二长花岗岩的岩性组合以及二者之间的地质界线,查明第四系地质地貌特征、物质组成及其与基岩之间的界线。路线调查过程中在基岩与第四系覆盖层界线处发现冻融成因的石海(D4231),在路线的

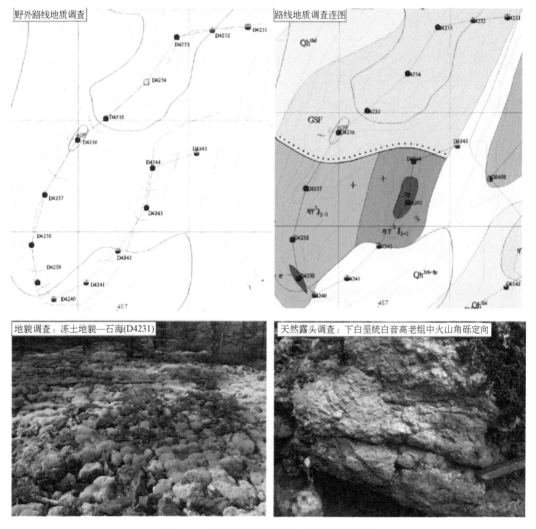

图 10-1　路线地质调查的工作成果示意图

起始点及拐点处（D4231、D4240、D4241、D4242、D4245）控制了第四系覆盖层与基岩的基线以及第四系覆盖层的物质组成及特征，根据野外路线地质调查成果，形成野外地质草图，该过程即说明了路线地质调查的主要工作思路及过程。

　　路线布设采用穿越法为主，追索法为辅的方法，沿山脊布设主干路线为好，合理利用零星露头，实际路线调查时要参照碎石或捡石填图法，即路线上没有基岩露头时，以捡拾残积碎石、坡积碎石作为路线填图的第一性资料。对不同覆盖层类型进行路线控制，要密切结合遥感影像特征，特别是不同成因类型影像界线的观测和调查工作要结合影像的实际特点进行有目的性的追索或穿越。在集中露头信息收集、物化遥信息综合、1～3m 浅覆盖区碎石填图以及 3m 以下适当工程揭露相结合的路线填图能提高精度和界线填绘的准确率。

二、重要露头地质观察成果

　　路线地质调查往往按照一定的网密度进行，容易遗漏一些重要的露头地质观察点。在工作的过程中，应及时搜集和整理一些露头点的地质现象。包括构造崖面、工程取石处、生活区开挖处以及地质灾害面等露头面，收集填图单元界线、构造现象获取、矿化蚀变指示等方面的信息，采取代表性样品（图 10-2 ～图 10-5）。

| 图 10-2　路堑人工露头上细中粒似斑状二长花岗岩与中细粒二长花岗岩的相变界线 | 图 10-3　路堑人工露头上近南北向断裂小型断层破碎带 |

图 10-4　嘉拉巴奇河上游具星散黄铁矿化的早白垩世微细粒斑状碱长花岗岩

图 10-5 新天镇北早白垩世碱长花岗岩发生的碎裂硅化、辉钼矿、毒砂及黄铁矿化

三、剖面测制成果

剖面测制一般在路线填图初步确定填图单位后进行，必要时也可路线、剖面同时进行或剖面提前进行。在系统性路线地质调查工作的基础上，开展工作区内填图单元的剖面测制工作，每个填图单元有 1 ～ 2 条实测剖面控制，并采取相应的地球化学测试样品。同时，也可以在适当位置开展地质 – 化探 – 物探 – 遥感综合填图剖面。

剖面测制的主要目的是控制填图单元岩性组合及产出状态，了解其地质特点，其中，对于接触关系的解决和剖面层序的控制是工作的重点。

以黑龙江大兴安岭地区松岭区壮志林场西山下白垩统白音高老组（K_1b）修测剖面（PMX30）为例（图 10-6），叙述如下：

1. 岩性组合及地层层序特征

该剖面控制下白垩统白音高老组厚度 1263.1m，层序自下而上为：

----------- 未见顶 -----------

24. 流纹质含角砾晶屑岩屑凝灰熔岩	85.00m
23. 英安岩	20.90m
22. 英安质含角砾晶屑岩屑凝灰熔岩	13.30m
21. 英安质含角砾晶屑岩屑凝灰熔岩	43.70m
20. 浅灰绿 – 灰紫色流纹岩	270.80m
19. 流纹质含角砾晶屑岩屑凝灰岩	87.60m
18. 流纹质角砾晶屑岩屑凝灰熔岩	37.90m
17. 流纹质含角砾晶屑岩屑凝灰熔岩	156.50m
16. 流纹质晶屑岩屑玻屑凝灰熔岩	34.30m
15. 灰白 – 灰黄色流纹质含角砾凝灰熔岩	99.40m
14. 流纹质含角砾晶屑岩屑凝灰熔岩	26.50m

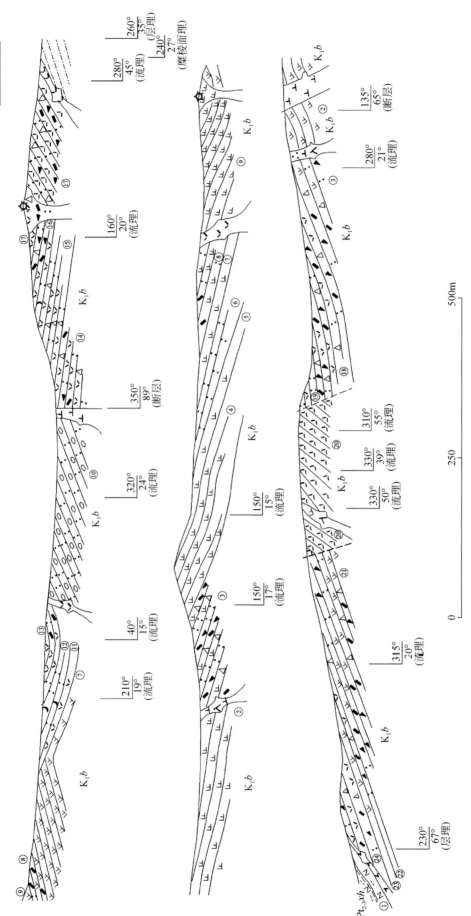

图 10-6 黑龙江大兴安岭地区松岭区壮志林场西山、下白垩统白音高老组(K₁b)修测剖面剖面局部(PMX30)

13. 高岭土化玻屑晶屑凝灰岩 　　　　　　　　　　　　　　　71.20m

12. 高岭土化玻屑凝灰岩 　　　　　　　　　　　　　　　　45.00m

11. 流纹岩 　　　　　　　　　　　　　　　　　　　　　　11.80m

10. 凝灰质砾岩 　　　　　　　　　　　　　　　　　　　244.40m

9. 英安岩 　　　　　　　　　　　　　　　　　　　　　　35.00m

8. 英安质晶屑凝灰熔岩 　　　　　　　　　　　　　　　　55.00m

7. 灰褐色英安岩 　　　　　　　　　　　　　　　　　　　25.10m

6. 灰白 – 灰黄色细凝灰岩 　　　　　　　　　　　　　　　32.60m

5. 灰绿色英安岩 　　　　　　　　　　　　　　　　　　　11.00m

4. 灰紫色英安岩 　　　　　　　　　　　　　　　　　　　89.00m

3. 灰绿色英安质含角砾晶屑岩屑凝灰熔岩 　　　　　　　　93.10m

2. 浅灰色英安岩 　　　　　　　　　　　　　　　　　　132.90m

----------- 未见底 ------------

该剖面中下白垩统白音高老组为一套陆相酸性火山碎屑岩建造，大体可分为三个岩性段，下段为英安岩、英安质晶屑凝灰熔岩、英安质含角砾晶屑岩屑凝灰熔岩；中段为凝灰岩及凝灰质砾岩等火山 – 沉积岩；上段为流纹岩、流纹质含角砾晶屑岩屑凝灰熔岩、流纹质含角砾晶屑岩屑凝灰岩、流纹质晶屑岩屑玻屑凝灰熔岩夹英安岩、英安质含角砾晶屑岩屑凝灰熔岩，综合分析岩相分析可知该剖面下端以溢流相为主，之后经历一段时间的火山喷发间歇期，发育细凝灰岩、凝灰质砾岩，之后火山又经强烈的火山爆溢相、爆发相的含角砾凝灰岩、凝灰熔岩，至宁静溢流相结束。

2. 接触关系

在工作区西部通过探槽揭露见下白垩统白音高老组英安岩喷发不整合覆盖于中 – 晚侏罗世二长花岗岩之上 见图 10-7。白音高老组火山角砾岩中可见中 – 晚侏罗世二长花岗岩的角砾（图 10-8）。

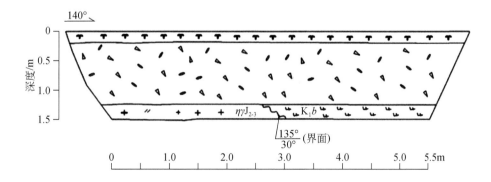

图 10-7　PM020TC56-1 下白垩统白音高老组喷发不整合覆盖中 – 晚侏罗世二长花岗岩

图 10-8　下白垩统白音高老组火山角砾岩中含中 – 晚侏罗世二长花岗岩的角砾

第二节　地球物理磁性体地质填图成果

　　本次工作利用 2008 ～ 2011 年核工业航测遥感中心完成的黑龙江省大兴安岭地区 1 ：5 万航磁数据，对区内磁性体进行了初步划分，并利用工作区内磁性体的分布规律进行反演，得出由磁性体的空间分布而推断的地质图。

　　航磁方法在岩性填图中起重要作用，对于划分中基性和中酸性火山岩，圈定火山机构，划分不同磁性侵入岩效果明显。其主要困难是对弱磁和无磁性花岗岩类与火山岩类的分辨。火山岩磁性变化大，难于根据磁场特征精确地划分岩性。在非磁性的沉积岩地区，当存在磁性基底时，可以反演磁性基底埋深。航磁资料对于确定断裂构造也是有效的，尤其是浅层的和伴有岩浆活动的断裂。

　　综合剖面及填图单元标准样品物性参数对于建立识别特征非常重要，可建立相应的磁性体与地质体对应识别。同时还可以建立磁性体分类软件及含有标准样品识别模式的分类学习模式，提高使用效果。

一、磁性体划分结果

　　对望峰公社等 4 幅航磁数据进行了再处理。磁性体划分的主要步骤包括求解局部场，提取特征参数，数据标准化，多元统计分析等。

　　首先，对收集数据进行了初步整理，对数据的正态分布情况、异常强度、极大值、极小值、偏度、峰度、跳动幅度进行了统计，见数据分布直方图 10-9 ～图 10-16。

　　根据数据的实际情况进行分析，统计其特征，突出数据的自身特点，加强其属性表达，见图 10-17 ～图 10-28。

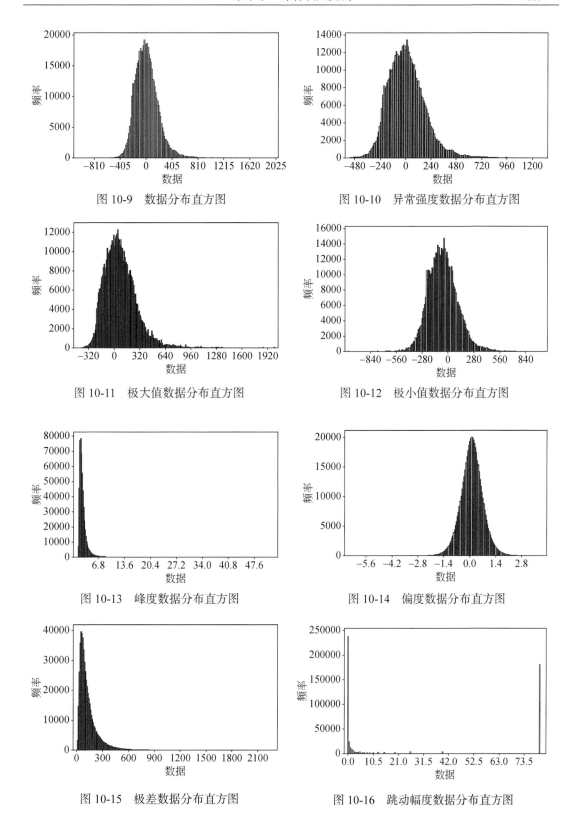

图 10-9 数据分布直方图

图 10-10 异常强度数据分布直方图

图 10-11 极大值数据分布直方图

图 10-12 极小值数据分布直方图

图 10-13 峰度数据分布直方图

图 10-14 偏度数据分布直方图

图 10-15 极差数据分布直方图

图 10-16 跳动幅度数据分布直方图

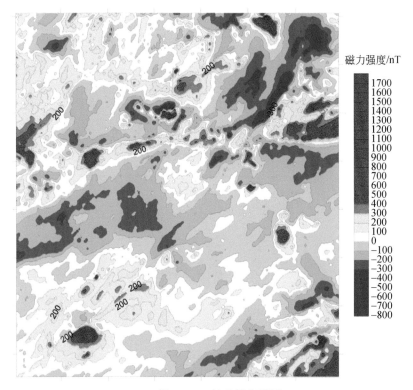

图 10-17　航磁等值线图

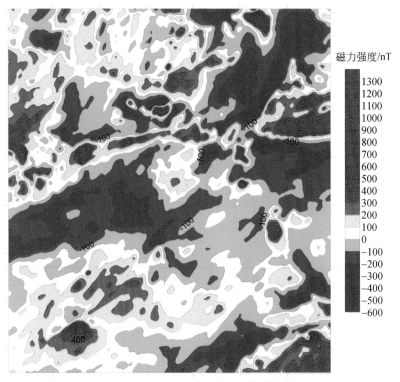

图 10-18　航磁异常强度等值线图

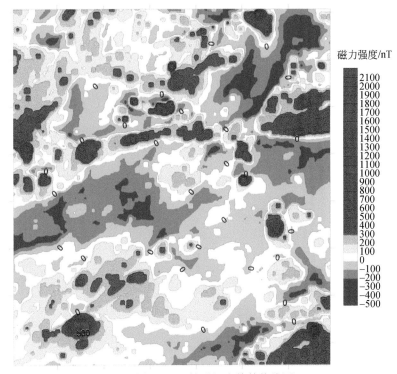

图 10-19 航磁极大值等值线图

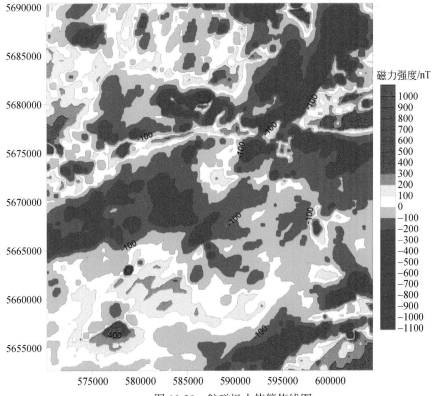

图 10-20 航磁极小值等值线图

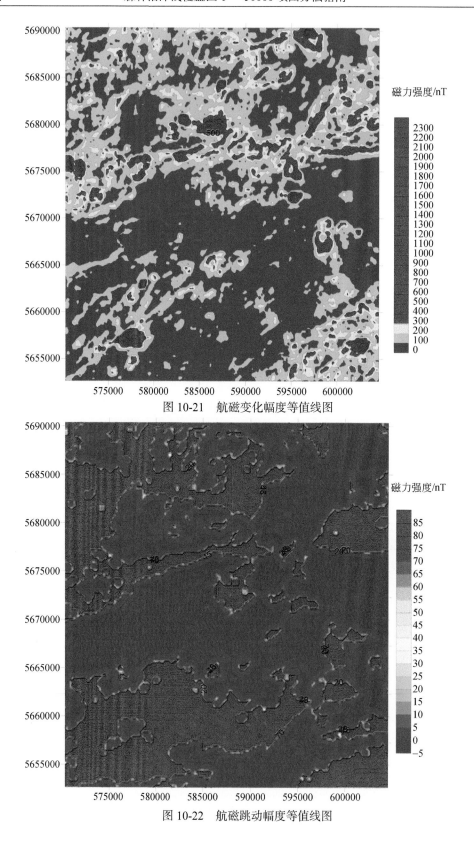

图 10-21　航磁变化幅度等值线图

图 10-22　航磁跳动幅度等值线图

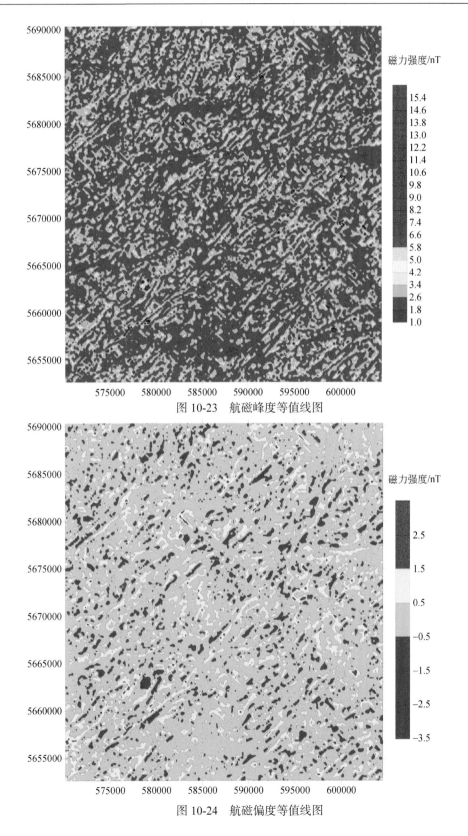

图 10-23 航磁峰度等值线图

图 10-24 航磁偏度等值线图

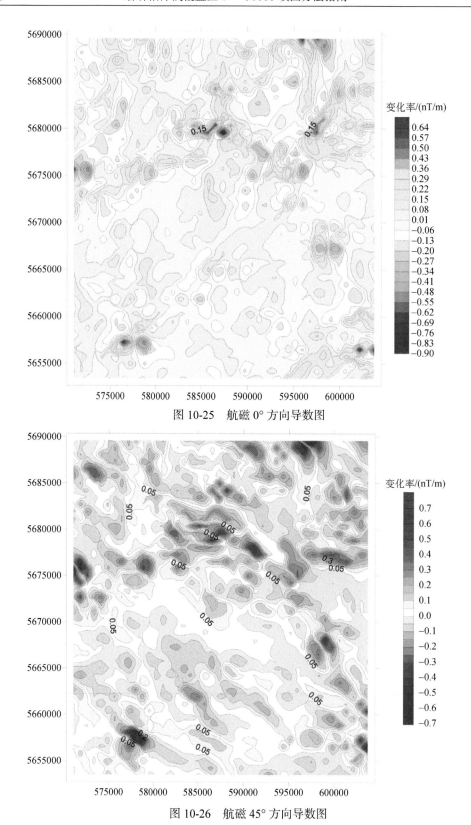

图 10-25　航磁 0° 方向导数图

图 10-26　航磁 45° 方向导数图

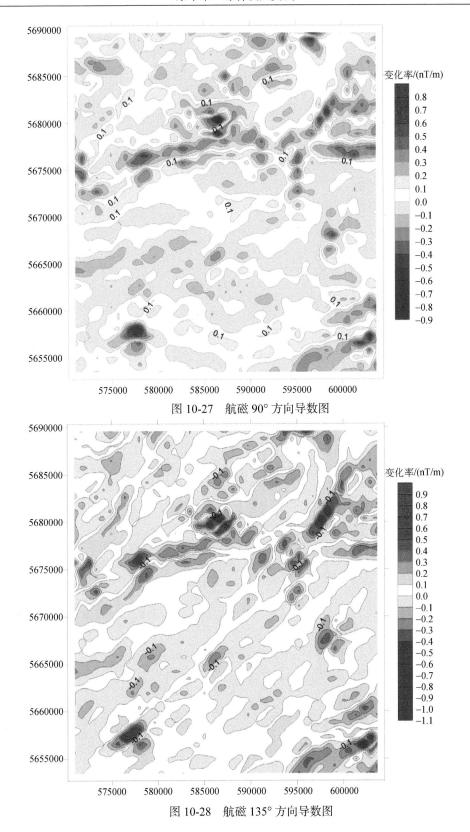

图 10-27　航磁 90° 方向导数图

图 10-28　航磁 135° 方向导数图

采用 MATLAB 软件重新编制了统计程序，数据处理的主要思想如下：

（1）参考 1∶5 万化探每平方千米 8～12 个点的采样密度，对航磁数据采用每平方千米 16 个统计单元的网格进行划分，即按照 250m×250m 进行单元格划分，然后对每个单元格进行统计分析，转化为特征参数。

（2）对于网格数据划分方法进行了调整，不再采用滑动平均方法，而是采用对各单元格逐个扫描统计分析的方案，排除了周边数据对单元格统计结果的影响。

（3）在各单元格特征参数计算好后，采用 Minitab 软件中的 k 均值聚类分析对各单元格进行聚类分析。对分类方案进行调整和测试，分类结果无大差异，说明区域内不同地质体单元的磁性差异较大，地质体磁性单元划分结果可信度较高。

（4）对分类结果按照 1km^2 以上单元体划出的原则，多于 6 个相邻同类点的划分为一类，予以标识出来。

本次工作按照上述方法对收集的航磁资料进行了初步处理，按照无标准样品对比的磁性体分类方法进行。由于航磁数据分割采样密度较高，计算机处理数据的能力相对有限，其成图效果人为降低其打印精度，其中数据处理图件如下：

本次处理完的图件精确度和准确度都较高，图中同一颜色为磁性表现相同的地球物理单元，可在填图时参考。单元图是根据分类图解释、归并后绘制的。

对磁性体类数进行了多轮探讨和试验，认为 15 类的划分法既能提取出各类信息，又有较高的分辨率。该划分方案比较合理。磁性体类的参数表及数据分类图分别见表 10-1、图 10-29、图 10-30。

表 10-1 磁性体类划分参数表

	观测值个数	类内平方和	平均距离	最大距离
聚类 1	4755	32413.75	2.194	17.553
聚类 2	28037	46788.48	1.195	5.866
聚类 3	109057	83104.72	0.831	2
聚类 4	61977	67615.35	0.935	5.932
聚类 5	38123	53634.75	1.102	4.27
聚类 6	22824	42596.07	1.252	5.447
聚类 7	68844	55134.99	0.85	2.311
聚类 8	8020	49421.18	2.233	10.89
聚类 9	12474	28353.28	1.367	8.253
聚类 10	4272	42212.67	2.471	39.149
聚类 11	39640	89306.48	1.394	4.273

续表

	观测值个数	类内平方和	平均距离	最大距离
聚类 12	26935	72961.92	1.478	7.374
聚类 13	2665	56374.49	3.952	15.232
聚类 14	44442	41265.15	0.91	2.792
聚类 15	47375	46271.11	0.899	5.608

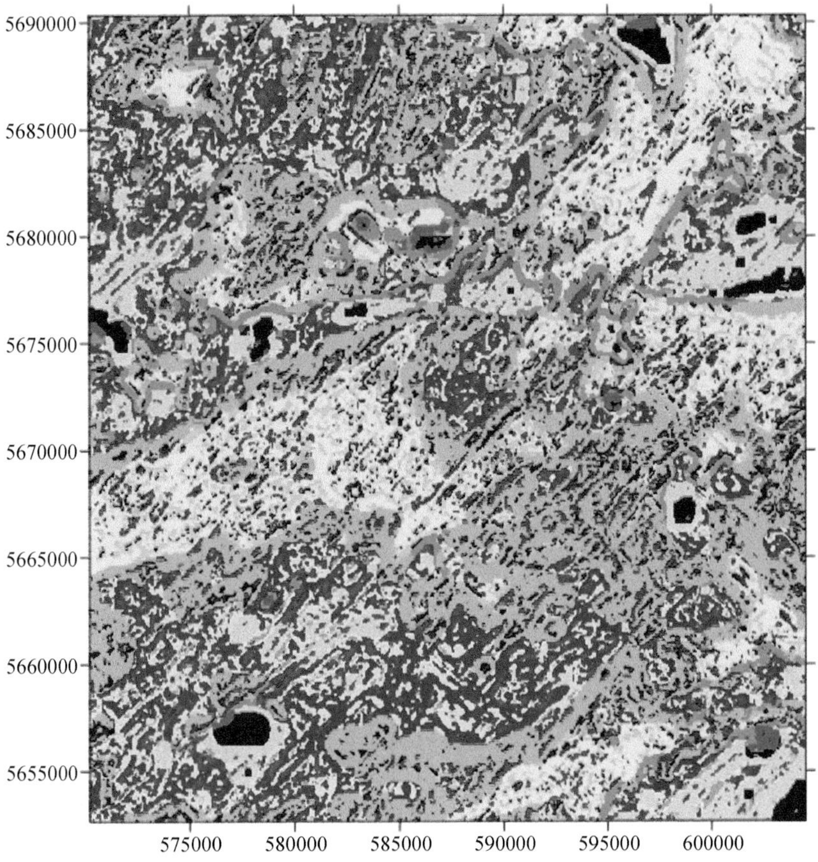

图 10-29　无标准样 k 均值聚类（15 类）航磁异常图

二、磁性体地质填图成果

1. 磁性体及断裂推断对比图

由于采用新的统计和分类方法，采用了切割法处理物探数据，对航磁数据进行区域场和局部场的分离，消除了深部地质体的影响，得到的信息是地表 500m 以内地质体的磁性叠加场，反映地质填图要求的空间范围内地质体的特征和现象，获得的图件对比明显。根

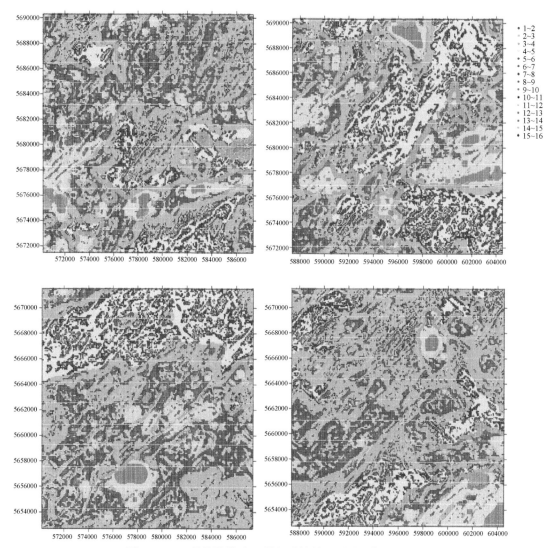

图 10-30　k 均值聚类（15 类）磁性单元图（工作区 4 幅）

据以上图件以及多专业地质综合成果做出以下推断：

（1）工作区内主要地质体的磁性异常与磁性体有基本对应关系。

（2）工作区内东西断裂与南北向断裂为共轭断裂，多为后期断裂切穿，但部分断裂一直活动继承。北东向断裂与北西向断裂为共轭断裂，同时北西－南东向为后期挤压作用的挤压方向，对区内地质体的展布起到主要作用。

（3）工作区自北西向南东受到挤压作用的影响明显越来越大。磁性数据加强处理后图面更明显。

（4）考虑磁性特征划分的地质体边界的准确性，还有待对标准物性测量样品进行进一步校正。但无标准样品的磁性体划分结果基本能反映地质体展布的情况，例如，区内中南部推测，广泛分布的白音高老组火山岩下部存在英安岩类或者二长花岗岩的基底。工区东南部磁性更强反映的是早侏罗世二长花岗岩侵入的作用更强，规模更大，受构造的影响时间更长。

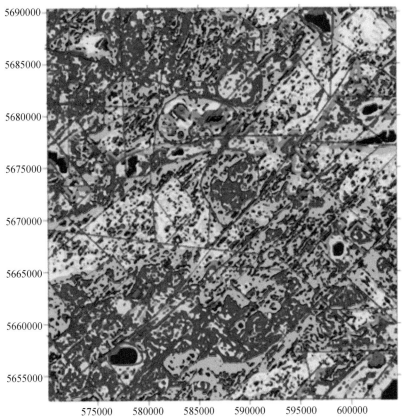

图 10-31 参考典型标本 k 均值聚类（15 类）磁性体及断裂推断图

蓝线为推测对应地质体；红线为推测断层

2. 典型地质体推断及反演

采用上述原理及方法对望峰公社幅 1 : 5 万航磁测量数据进行处理，形成参考典型标本的磁性体及断裂推断图（图 10-31），编制了 1 : 5 万望峰公社幅地球物理推断地质图。

3. 填图单元磁性参数情况

项目组工作中，选取了工作区各填图单元典型标本进行手持磁力仪和实验室条件下磁力仪测试，作为对比参考。磁性参数作为岩性的物理特性，其数据的处理与利用对填图工作有十分重要的参考价值（表 10-2）。

表 10-2 填图单元典型标本磁化率统计表

岩性	填图单元	填图单元代号	样品个数	平均值	最大值	最小值
黑云斜长角闪岩	兴华渡口岩群	Pt$_{2-3}$xh	21	0.27	1.68	0.05
黑云斜长变粒岩	兴华渡口岩群	Pt$_{2-3}$xh	6	4.94	15.23	0.07

续表

岩性	填图单元	填图单元代号	样品个数	平均值	最大值	最小值
混合岩	晚寒武世变质深成岩	$\gamma_m \epsilon_3$	5	0.132	0.29	0.03
变砂岩	吉祥沟岩组	$Pt_3 \epsilon_1 j$	14	0.108	0.19	0.04
英安质含角砾凝灰岩	白音高老组	$J_3 jx$	7	6.764	9.75	3.31
英安质晶屑岩屑凝灰岩	白音高老组	$K_1 b$	23	0.149	0.39	0.02
流纹质凝灰岩	白音高老组	$K_1 b$	5	0.076	0.15	0.02
流纹岩	白音高老组	$K_1 b$	17	0.716	1.79	0.01
英安质晶屑岩屑凝灰岩	白音高老组	$K_1 b$	14	2.211	7.27	0.86
英安岩	白音高老组	$K_1 b$	15	6.689	10.94	0.02
英安质火山角砾集块岩	白音高老组	$K_1 b$	11	3.501	12.59	0.95
似斑状、中粗粒二长花岗岩	中 – 晚侏罗世二长花岗岩	$\eta\gamma J_{1-2}^{2-3}$	28	3.603	10.12	1.03
二长花岗岩	中 – 晚侏罗世二长花岗岩	$\eta\gamma J_{3-5}^{2-3}$	14	0.105	0.49	0.02
花岗斑岩	早白垩世花岗斑岩	$\gamma\pi K_1$	2	22.635	23.12	22.15
斑状黑云母二长花岗岩	早白垩世斑状黑云母二长花岗岩	$\eta\gamma\pi K_1$	27	3.229	11.68	0.01
斑状碱长花岗岩	早白垩世碱长花岗岩	$\chi\rho\gamma K_1$	11	6.554	37.27	0.03
碱长花岗岩	早白垩世碱长花岗岩	$\chi\rho\gamma K_1$	28	2.645	10.58	0.2
备注	采用实验室质子磁力仪测定值（10^{-3}SI）					

根据岩石标本的物性特征统计及结合地质成果，总结区内主要的填图单元的磁性特征如下：

（1）中 – 新元古界兴华渡口岩群（$Pt_{2-3} xh$）黑云斜长变粒岩磁性高，而条带状混合质变粒岩和黑云斜长角闪岩磁性弱，基本与地质图面相符。

（2）大网子岩组（$Pt_3 \epsilon_1 d$）变火山碎屑岩及变沉积岩组合磁性普遍低，与地质图面不符，与中 – 晚侏罗世二长花岗岩（$\eta\gamma J_{1-2}^{2-3}$）侵入体有关。

（3）白音高老组（$K_1 b$）中英安岩及英安质晶屑凝灰岩、英安质含角砾凝灰岩、火山角砾集块岩磁性高，主要集中于图幅的中南部，部分英安质晶屑岩屑凝灰岩、流纹质凝灰岩磁性弱。主要位于图幅中北部。

（4）中 – 晚侏罗世二长花岗岩似斑状中粗粒二长花岗岩（$\eta\gamma J_{1-2}^{2-3}$）磁性高，与地质图面基本吻合，中 – 晚侏罗世二长花岗岩（$\eta\gamma J_{3-5}^{2-3}$）磁性弱。而部分二长花岗岩（$\eta\gamma J_{3-5}^{2-3}$）填图单元表现磁性高，可能与下部存在粗中粒二长花岗岩（$\eta\gamma J_{1-2}^{2-3}$）有关，也印证了本期二长花岗岩的分布特征。

（5）早白垩世斑状黑云母二长花岗岩（$\eta\gamma\pi K_1$）、早白垩世花岗斑岩（$\gamma\pi K_1$）磁性高，与地质图面符合。可能与花岗岩的结构和黑云母矿物的发育有关。

第三节　地球化学块体地质填图成果

化探方法是提高森林沼泽浅覆盖区1:5万区域地质调查质量和效率的有效手段之一。该方法成本低，易使用，一般的地质调查单位均具备相应的资料、设备条件。根据方法的技术流程或简单的培训，地质人员就可使用。

化探方法可以揭示由于地质体岩石类型变化而表现出的化学成分变化信息，为合理布置调查路线和地质工程提供重要的依据。化探方法应用应始于区域地质调查工作的前期。地球化学推断解释过程是地球化学与区域地质调查紧密结合的过程，也是了解和认识区域地质规律的过程。因此，化探方法应与地质紧密结合，认真研究区域地质，特别是工作区各种地质填图单元的岩石和岩石组合特征，了解区域地质调查需要解决的重要基础地质问题，方能充分发挥地球化学方法技术的优势。

一、岩石化学类型图

利用土壤化学成分反演基岩化学成分方法技术，根据土壤地球化学反演后的"岩石"的 SiO_2、Na_2O、K_2O 氧化物数据，采用 SiO_2 -（Na_2O+K_2O）岩石学分类方案（邱家骧，1985）将样品分为15个岩石化学类型：0—特殊岩类[如大理岩、石英岩（脉）]；1—超基性岩类；2—碱性玄武岩类；3—玄武岩类；4—玄武粗安岩类；5—玄武安山岩类；6—粗安岩类；7—安山岩类；8—粗面岩类；9—石英安山岩类；10—石英粗面岩类；11—英安岩类；12—碱流岩类；13—流纹岩类；14—碱性流纹岩类，在上述分类的基础上编制岩石类型图（图10-32）。

二、矿物类型分布图

根据土壤地球化学元素反演"岩石"的 SiO_2、Na_2O、K_2O 氧化物数据，按照碎屑矿物含量（不含铝胶体）和矿物计算（含铝胶体）进行计算，此方法适用于火山岩和侵入岩区形成的土壤。

计算过程中应注意：

（1）应根据是火山岩区还是侵入岩区，使用相应的侵入岩或火山岩计算结果。因为计算过程中的钠长石分配比例是按相图进行分配的，火山岩和侵入岩相图不同；计算结果中有两个sheet（工作表），分别为"按侵入岩计算"和"按火山岩计算"。

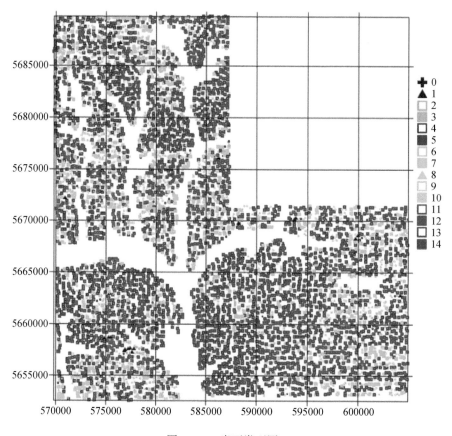

图 10-32　岩石类型图

（2）在沉积岩区和变质岩区仅做参考。

（3）给出了两个计算结果，一是不含铝胶体的计算结果，二是含铝胶体的计算结果，一般情况下，大兴安地区风化作用以物理风化为主，化学风化较弱，一般不会出现铝胶体，建议使用不含铝胶体的计算结果。

按火山岩和侵入岩计算的碱性长石／（碱性长石＋斜长石）比值图来指示岩石类型，进而对地球化学单元划分提供依据，见图 10-33、图 10-34。

三、地球化学单元图

本次工作利用因子分析法，集合聚类分析得到变量类别、样品类别，并建立二者的对应关系。根据样品及变量组合的统计分析，采用 20 个元素测试结果参与分析，分别是 Ba、Co、Cr、ln(La)、Nb、Ni、ln(Sr)、ln(Th)、Ti、ln(U)、V、ln(Y)、Zr、Al_2O_3、$n(CaO)$、$^TFe_2O_3$、K_2O、MgO、Na_2O、SiO_2，形成变量组合类型 9 个，形成标准化 k 分类图，用于判别地质地球化学单元划分及构造识别等问题。每种颜色代表采取不同识别变量组合形成的岩石分类，见图 10-35 ～图 10-44。

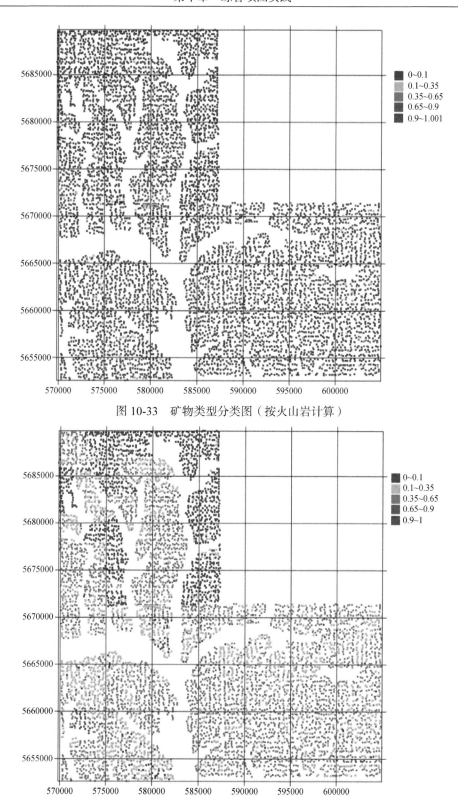

图 10-33　矿物类型分类图（按火山岩计算）

图 10-34　矿物类型分类图（按侵入岩计算）

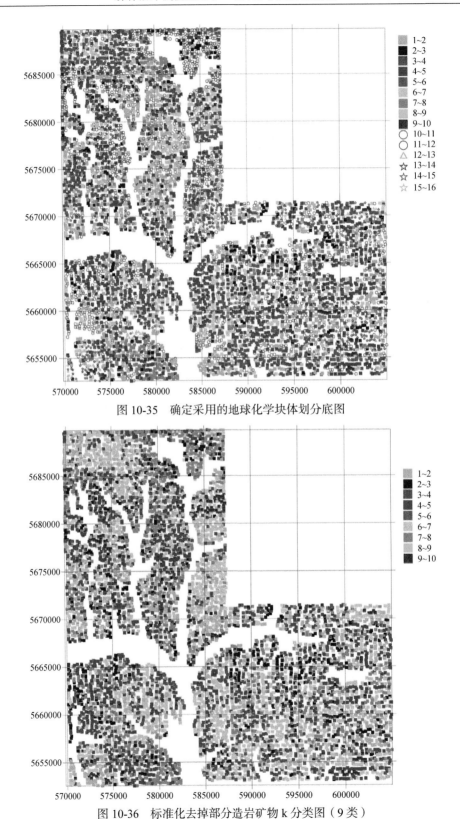

图 10-35　确定采用的地球化学块体划分底图

图 10-36　标准化去掉部分造岩矿物 k 分类图（9 类）

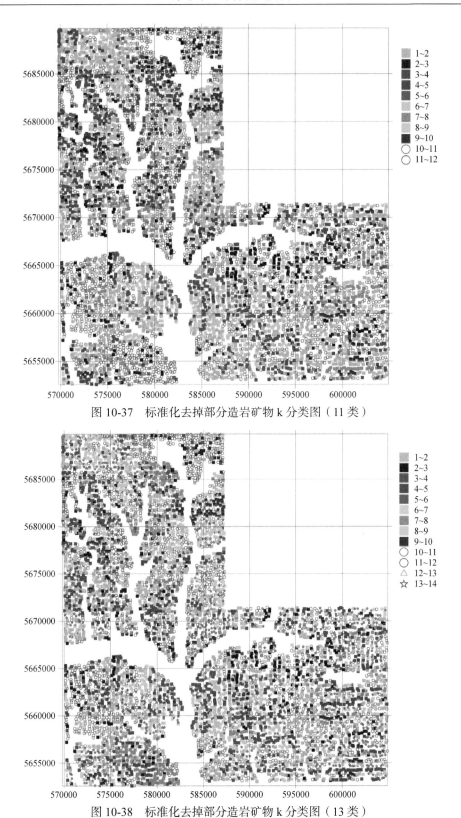

图 10-37 标准化去掉部分造岩矿物 k 分类图（11 类）

图 10-38 标准化去掉部分造岩矿物 k 分类图（13 类）

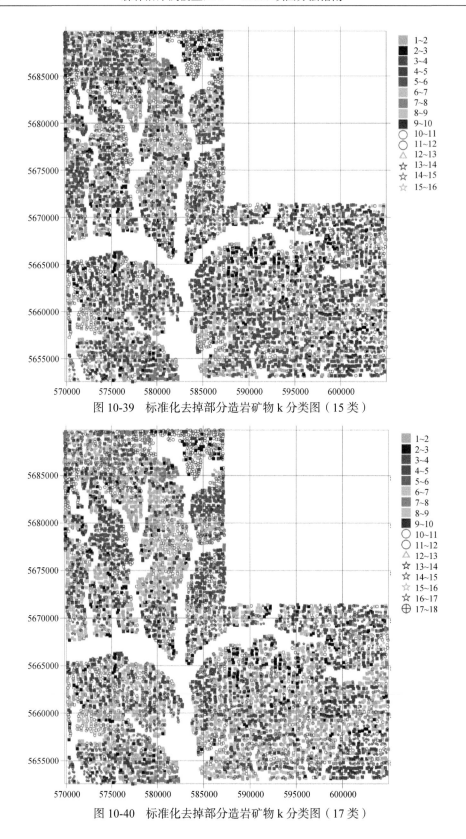

图 10-39　标准化去掉部分造岩矿物 k 分类图（15 类）

图 10-40　标准化去掉部分造岩矿物 k 分类图（17 类）

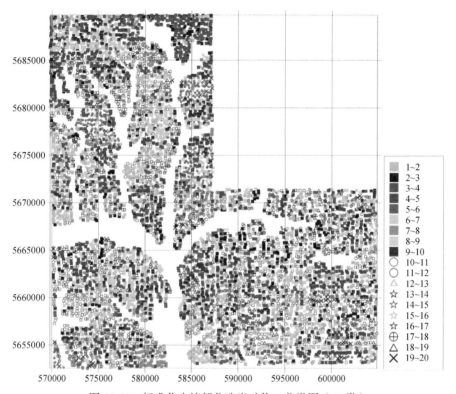

图 10-41 标准化去掉部分造岩矿物 k 分类图（19 类）

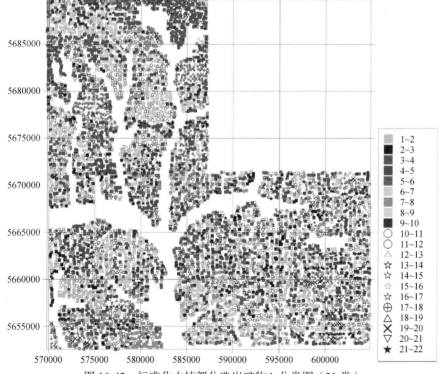

图 10-42 标准化去掉部分造岩矿物 k 分类图（21 类）

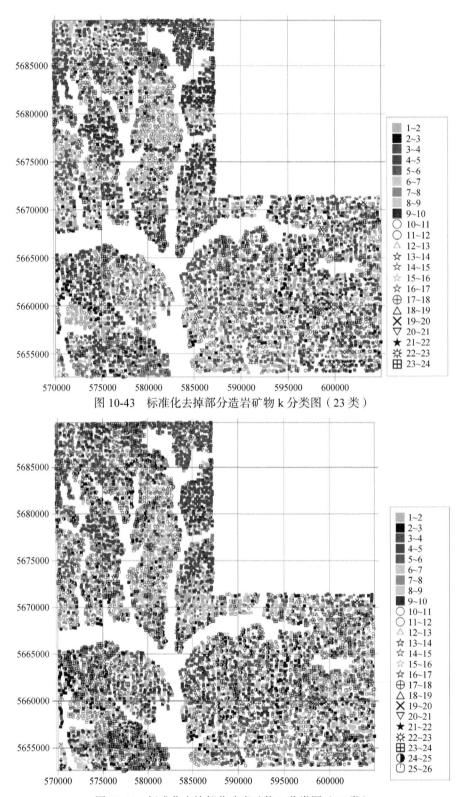

图 10-43　标准化去掉部分造岩矿物 k 分类图（23 类）

图 10-44　标准化去掉部分造岩矿物 k 分类图（25 类）

四、地球化学填图地质图

（一）地球化学反演地质图

目前，采用上述原理及方法对望峰公社、壮志公社、二零一工队幅 1：5 万土壤地球化学测量数据进行处理，编制了 1：5 万地球化学推断岩性地质图（图 10-45）。

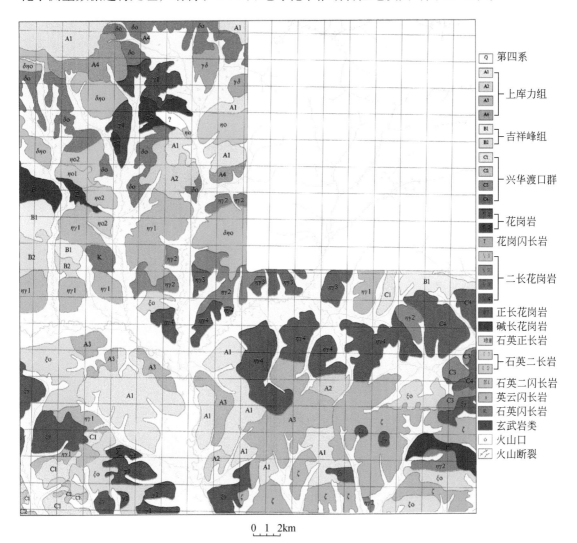

图 10-45　地球化学推断岩性地质图

根据数据处理结果和图件分析，本次利用 15 类分类方法判别，进行地质体的圈定与断裂的推断工作。

根据对比按照自身组合与分类形成的地球化学单元图，其边界与地质填图吻合较好，其内部形成的特殊边界部分与断裂一致。根据其分类统计特征形成的综合分析图能反映其地球化学、矿物类型和岩体的统一性（表 10-3）。

表 10-3 地球化学推测依据表

代号	岩石化学成分	斜长石号码	碱性长石与斜长石比	推测地质单元
A1	英安岩类，石英安山岩类，流纹岩类	10～30，0～10（火）；0～10，10～30（侵）	0.9～1，0.65～0.9，0～0.1（火）；0～0.1，0.35～0.65（侵）	白音高老组
A2	流纹岩类，英安岩类	10～30（火）；0～10，10～30（侵）	0.9～1，0.65～0.9（火）；0.35～0.65，0.1～0.35（侵）	白音高老组
A3	英安岩类，流纹岩类	10～30（火）；0～10，10～30（侵）	0.9～1，0.65～0.9（火）；0.35～0.65，0.1～0.35（侵）	白音高老组
A4	英安岩类，石英安山岩类，安山岩类	10～30（火）；0～10，10～30（侵）	0.9～1，0～0.1（火）；0～0.1，0.1～0.35，0.35～0.65（侵）	白音高老组
B1	英安岩类，石英安山岩类，安山岩类，流纹岩类	10～30（火）；10～30，0～10（侵）	0.9～1，0.65～0.9（火）；0.35～0.65（侵）	白音高老组
B2	英安岩类，石英安山岩类，安山岩类，粗面岩类	10～30（火）；10～30，0～10（侵）	0.9～1，0.65～0.9，0.35～0.65（火）；0.35～0.65，0.1～0.35（侵）	白音高老组
C1	英安岩类，安山岩类，流纹岩类	10～30，30～50（火）；10～30，0～10（侵）	0.9～1，0.65～0.9（火）；0.35～0.65（侵）	兴华渡口群
C2	安山岩类，粗面岩类	10～30，30～50（火）；10～30，0～10（侵）	0.65～0.9，0.9～1（火）；0.35～0.65（侵）	兴华渡口群
C3	英安岩类	10～30（火）；10～30，0～10（侵）	0.9～1，0.65～0.9（火）；0.35～0.65，0.1～0.35（侵）	兴华渡口群
C4	英安岩类，粗面岩类	10～30（火）；10～30，0～10（侵）	0.9～1，0.65～0.9，0.35～0.65（火）；0.35～0.65，0.1～0.35（侵）	兴华渡口群
E	英安岩类，石英安山岩类，石英粗面岩类，碱流岩类	10～30（火）；0～10，10～30（侵）	0.9～1，0.65～0.9（火）；0.35～0.65，0.1～0.35（侵）	碱长花岗岩
ξγ	流纹岩类，英安岩类	10～30（火）；0～10（侵）	0.9～1（火）；0.35～0.65，0.1～0.35，0.65～0.9（侵）	正长花岗岩
γ1	英安岩类，粗面岩类	10～30（火）；0～10，10～30（侵）	0.9～1，0.65～0.9（火）；0.1～0.35，0.35～0.65（侵）	花岗岩
γ2	英安岩类，石英安山岩类	10～30（火）；0～10，10～30（侵）	0.9～1，0.65～0.9（火）；0.35～0.65，0.1～0.35（侵）	花岗岩
ηγ1	英安岩类，石英安山岩类，流纹岩类	10～30（火）；0～10，10～30（侵）	0.9～1，0.65～0.9（火）；0.35～0.65，0.1～0.35（侵）	二长花岗岩

代号	岩石化学成分	斜长石号码	碱性长石与斜长石比	推测地质单元
$\eta\gamma2$	英安岩类，石英安山岩类，安山岩类	$10\sim30$（火）；$10\sim30$，$0\sim10$（侵）	$0.9\sim1$，$0.65\sim0.9$，$0.35\sim0.65$（火）；$0.35\sim0.65$，$0.1\sim0.35$（侵）	二长花岗岩
$\eta\gamma3$	英安岩类，石英安山岩类，流纹岩类	$10\sim30$（火）；$10\sim30$，$0\sim10$（侵）	$0.9\sim1$，$0.65\sim0.9$，$0.35\sim0.65$（火）；$0.35\sim0.65$，$0.1\sim0.35$（侵）	二长花岗岩
$\eta\gamma4$	英安岩类，流纹岩类	$10\sim30$（火）；$0\sim10$，$10\sim30$（侵）	$0.9\sim1$，$0.65\sim0.9$（火）；$0.1\sim0.35$，$0.35\sim0.65$（侵）	二长花岗岩
$\gamma\delta$	英安岩类，安山岩类	$10\sim30$，$0\sim10$（火）；$0\sim10$（侵）	$0\sim0.1$，$0.9\sim1$（火）；$0\sim0.1$（侵）	花岗闪长岩
ζ	英安岩类，石英安山岩类，流纹岩类	$10\sim30$（火）；$10\sim30$，$0\sim10$（侵）	$0.9\sim1$，$0.65\sim0.9$（火）；$0.35\sim0.65$，$0.1\sim0.35$（侵）	英云闪长岩
ζo	英安岩类，流纹岩类，粗面岩类	$10\sim30$（火）；$10\sim30$，$0\sim10$（侵）	$0.9\sim1$，$0.65\sim0.9$（火）；$0\sim0.1$，$0.35\sim0.65$（侵）	石英正长岩
δo	英安岩类，石英安山岩类，安山岩类，流纹岩类	$10\sim30$，$0\sim10$（火）；$0\sim10$，$10\sim30$（侵）	$0\sim0.1$，$0.9\sim1$（火）；$0.1\sim0.35$，$0\sim0.1$，$0.35\sim0.65$（侵）	石英闪长岩
$\eta o1$	英安岩类，石英安山岩类	$10\sim30$，$0\sim10$（火）；$0\sim10$（侵）	$0.9\sim1$，$0\sim0.1$（火）；$0\sim0.1$（侵）	石英二长岩
$\eta o2$	英安岩类，石英安山岩类	$10\sim30$，$0\sim10$（火）；$0\sim10$（侵）	$0.9\sim1$，$0\sim0.1$（火）；$0\sim0.1$（侵）	石英二长岩
$\delta\eta o$	英安岩类，石英安山岩类，安山岩类，流纹岩类	$10\sim30$，$0\sim10$（火）；$0\sim10$，$10\sim30$（侵）	$0.9\sim1$，$0\sim0.1$（火）；$0\sim0.1$，$0.35\sim0.65$（侵）	石英二长闪长岩
Σ	超基性岩类，碱性玄武岩类	$10\sim30$（火）；$10\sim30$（侵）	$0\sim0.1$，$0.1\sim0.35$，$0.9\sim1$（火）；$0.1\sim0.35$，$0\sim0.1$（侵）	玄武岩类

化探技术方法具有信息量大且相对直接的特点，是推断覆盖区岩石类型的重要的技术方法，特别适用于岩浆岩类的推断识别。化探方法推断浅覆盖层下的基岩化学成分具有良好的效果，基岩化学成分信息和碎屑矿物成分信息可为推断地质体岩石类型和组合提供重要的信息，结合区域地质资料和其他综合技术方法，可以较好地解决浅覆盖区地质填图中的岩体识别、期次划分和地层对比等问题。元素组合特点可以为确定地质体边界提供参考，对沉积环境再造、浅部断裂构造识别也具有一定效果。

（二）地球化学数据成果利用与地表地质调查

化探方法的优势是可提取的地质信息量大，可为区域地质调查提供丰富的地球化学信息。通过编制地球化学推断解释地质图，可以发现许多常规地质填图方法难以发现的问题，对提高浅覆盖区填图质量和解决区域基础地质问题有重要参考价值。

地球化学推断解释地质图含有丰富的地球化学信息，化探方法对断裂构造有较强的识别能力，合理地引入常规地质图可大大增加填图单元的信息承载量。在开展面积性填图工作之前，可利用地球化学数据耦合指标，指示重要的地质体、地质构造等填图内容，做到设计工作有重点，工作部署有针对性。研究区地表主要由浅覆盖层完全覆盖，实际工作要充分利用地形、植被、气候、原岩性质、季节性生物等综合因素来考虑实际的地质过程，做到工作有的放矢。地质调查、地球物理、地球化学等综合数据需要及时对接，建立内在联系，开展重点工作区和重要地质体的综合研究工作。同时，新近纪晚更新世以后，断块差异性升降和掀斜构造造成研究区内较大的河流河谷不断下切，形成新的阶地，沉积了现代河流堆积物（高河漫滩和低河漫滩沉积物），在河谷低洼处发育有松散砂砾及黏土堆积。物理风化及流水的搬运作用为主，植被与融冻作用的季节性地质作用为辅，有利于地球化学元素的迁移和富集，为当今的地理地貌填图单元奠定了地质实体和化学内涵，两者的演化相辅相成。

对两个研究区的推断解释结果与原地质图对比表明，原有的较大规模断裂构造多能被识别出来，但也有将一些岩性界线、脉岩群等误判为断裂构造的可能。另外，由于采样密度的限制，推断解释的断裂的平面位置有较大的误差。化探方法对于有特征元素组合标志的沉积环境也有较好的反映，可为研究区域构造演化提供一定的参考依据。

由于采样密度的限制，该方法推断解释的地质体边界和断裂的空间位置有较大的误差。对于火山岩，往往岩石类型较为复杂，一个填图单元常由多种岩石类型构成，需结合区域地质背景、地层单元中不同的岩石类型等进行综合判断。由于许多变质岩成分与岩浆岩、沉积岩相似，单一化探方法难以区分。但对于特殊成分的变质岩，如大理岩、斜长角闪岩、富铝变质岩等具有很好的识别能力，要与同成分的岩浆岩（基性岩）、沉积岩（碳酸盐岩）区别必须考虑地质背景。

本次工作对地形对化探方法的影响研究不够，地形直接影响样品的自然混合作用，特别是成分与周边显著差别的小的地质体，当其存在于正地形时，会被放大，存在于负地形时会被缩小，直接影响圈定地质体边界的准确性。建议在使用化探方法时应考虑地形的影响因素。另外在地形切割强烈的地区，应注意地质填图和化探方法解释推断的差异。

第四节　遥感解译验证地质填图成果

针对工作区森林沼泽浅覆盖区自然地理、地貌景观条件，选择适宜的遥感数据类型和时相，在波段组合、多源数据融合方法试验基础上，对所选取的遥感数据进行处理，制作具有抑制植被信息作用的系列图像，识别森林沼泽浅覆盖区的地质信息；采用已有成熟的多种处理方法，进行效果对比分析，筛选具有压制植被作用、提取隐伏岩石、构造和矿化蚀变信息的增强处理方法。依据大比例尺遥感地物标准剖面上各类图像显示的地物波谱特征建立解译标志，建立定向、定量的解译指标，建立以遥感影像地质单元为重点的人机交互地质解译研究，编制1∶5万遥感解译地质图，并在此基础上总结完善，提出适用于森林沼泽区1∶5万地质填图应用的方法技术流程。

（1）总结形成的遥感方法在浅覆盖区地质填图中应用的工作技术流程，可以应用于专业地质调查单位的1∶5万地质填图工作，提高地质填图质量和信息承载量。

（2）遥感影像解译对地质体的圈闭主要是以地形、水系及地质体的影纹、色调、粗糙度等为解译标志，吻合程度中等。工作区中生代火山岩中局部因剥蚀构造抬升出露的侵入岩或地层，其边界的圈闭总体较好，但局部存在明显误差，只能结合路线调查加以修正。上述地区，遥感解译已对地质填图起到指导和预测作用，地质路线调查的重点可放在地质体边界及内部岩性变化界线处收集相关资料。

（3）遥感方法应用于浅覆盖区地质填图，在解译效果较好的地区，通过遥感解译工作，能较精确地圈闭各类地质体，如：第四系沟谷中，不同的沉积类型可较准确地划分开来。另外，工作区交通不方便，给地质填图工作带来极大困难，但在工作区邻近地方建立起的遥感解译标志对该区填图工作有明显的指导性，实践证明其填图质量比预计效果要好得多。既能够较准确地划定地质单元，又可有目的地验证地质体间的接触关系，且与相邻图幅的接图效果明显提高。

（4）遥感方法对火山机构及火山构造（包括环状、放射状构造影像）解译效果较好，对研究工作区火山作用、火山活动规律、火山岩的分布、叠置关系的确定起到一定指导作用，可以在工作区推广，工作区断裂构造解译效果较好，褶皱构造较差。可解译断裂的形态、走向、规模、切割关系等特征，局部从断层三角面的特征解译出断层面产状，结合实地验证，确定其性质，同时，对工作区构造格架的建立起到明显的辅助作用。

（5）在森林沼泽区中低山地域利用ETM图像，可尝试采用比值合成、HIS[色调（H）、亮度（I）、饱和度（S）]变换、主成分变换、弱信息灰度调整等方法抑制植被干扰，提取岩性、构造信息。

（6）通过遥感方法在覆盖区地质填图中应用研究，由于遥感影像单元反映的地质信息不明确，应该存在遥感地质解译"模糊区或空白区"。

一、影像地质单元对应地质成果

遥感解译不仅可以建立解译标志，编绘遥感解译地质图，而且与调查路线配合可提高填图质量，对无路线控制的地质界线划分也可提供参考解译界线，帮助连图。要重视特殊的影像及差异小的界线，对部分解译的路线进行实地验证，对验证后提出异议的部分进行了重新解译，这样提高其解译精度。通过对工作区沿主、支山脊路线验证结果和遥感解译，建立起区内典型影像地质单元解译标志：

（1）第四系冲洪积 + 沼泽 + 融冻堆积层（$Qh^{2alp+fl+ts}$）、冲坡积 + 沼泽 + 融冻堆积层（$Qh^{2dal+fl+ts}$）为黄褐 – 深黄褐色调（浅绿 – 褐色调），色调较斑杂，现代残、坡积层为主，河流沟谷、阶地地貌，地形低缓，不规则的辫状、蛇曲状水系，周围为沼泽、湿地，易于辨认（图 10-46、图 10-47）。

图 10-46　第四系遥感影像特征

[Landsat 8/OLI-753（RGB）]

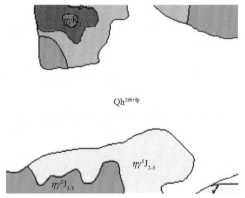

图 10-47　第四系地质图特征

（2）下白垩统白音高老组火山岩影像特征：白音高老组火山岩大面积出露在望峰公社幅西北部、壮志公社幅中部、二零一工队幅西部。影像特征统一，色调较均匀，由于其形成时代较新，后期水平构造变形改造不发育，又处于较浅的剥蚀状态，其火山机构遥感影像显示较为清楚，主要表现为地形起伏较大，放射状山脊与沟谷的汇聚中心直指火山口；较缓的凸面坡发育较窄的 V 字形冲沟、树枝状水系，密度中等，支流与主流呈锐角相交。白音高老组火山岩影像特征典型，经验证和野外调查一致，可以准确地确定其界线，可确定为地质调查主要参考依据（图 10-48～图 10-53）。

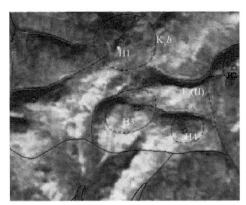

图 10-48　望峰公社幅白音高老组火山岩

遥感影像特征 [Landsat 8/OLI-753（RGB）]

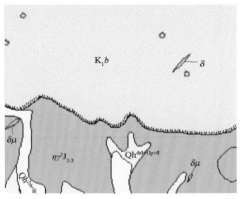

图 10-49　望峰公社幅白音高老组地质图

特征

图 10-50　壮志公社幅白音高老组火山岩遥感
影像特征 [Landsat 8/OLI-753（RGB）]

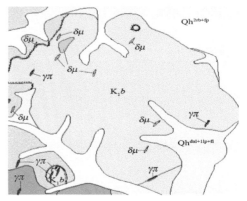

图 10-51　壮志公社幅白音高老组地质图特征

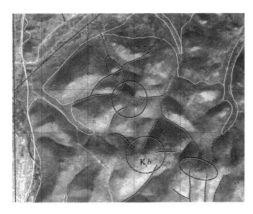

图 10-52　二零一工队幅白音高老组遥感影像
特征 [Landsat 8/OLI-753（RGB）]

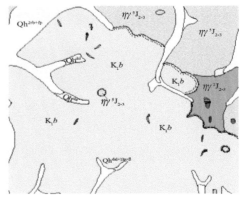

图 10-53　二零一工队幅白音高老组地质图
特征

（3）早白垩世二长花岗斑岩同样由于其形成时代较新，后期构造变形改造不明显，又处于较浅的剥蚀状态，其侵入体内部与边部遥感影像显示较为清楚，发育与火山岩相似放射状山脊与沟谷，但向山脊呈凸起棱状延伸，明显区别于早白垩世火山岩遥感影像（图 10-54、图 10-55）。

（4）中－晚侏罗世二长花岗岩类在区内出露面积较大，由于受到后期水平构造强烈变形改造，和处于较深的剥蚀状态，各期花岗岩内外部遥感影像特征不一致，显示地形切割较多较乱，但区内也能确定典型花岗岩影像区显示单面坡较缓的凸面坡发育，但仍向山脊顶部似猪背脊，明显区别于早白垩世火山岩遥感影像，从图 10-56～图 10-61 列举的典型影像可以明显看出，工区内各期花岗岩的影像特征区别较明显，花岗岩粒度由粗变细，遥感影像呈现的特征也由纹理清晰变为纹理模糊，个别混杂地区影像特征不易区分。

（5）中－新元古界兴华渡口岩群变质岩由于受到后期水平构造强烈变形改造，和处于较深的剥蚀状态，已成为花岗岩类中捕房体，影像特征较难分辨，但其中山坡上出现断续阴影影纹，应为变质面理的地表断续出露。根据野外实地对比解译，建立了解译标志，但界线不易确定（图 10-62、图 10-63）。

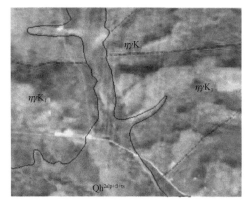

图 10-54　早白垩世二长花岗斑岩遥感影像特征 [Landsat 8/OLI-753（RGB）]

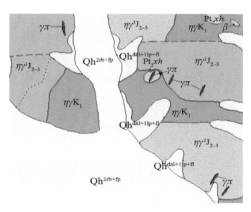

图 10-55　早白垩世二长花岗斑岩地质图特征

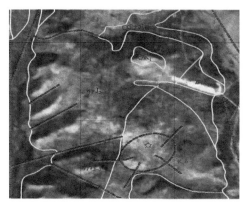

图 10-56　望峰公社幅粗中粒似斑状花岗岩遥感影像特征 [Landsat 8/OLI-753（RGB）]

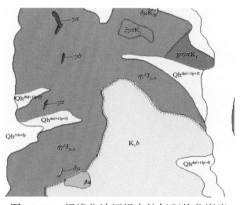

图 10-57　望峰公社幅粗中粒似斑状花岗岩

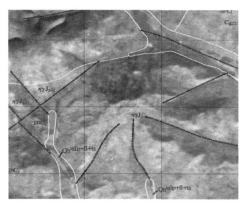

图 10-58　壮志公社幅细中粒似斑状二长花岗岩遥感影像特征 [Landsat 8/OLI-753（RGB）]

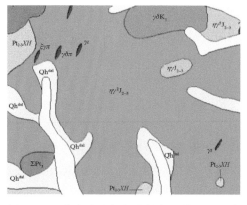

图 10-59　壮志公社幅细中粒似斑状二长花岗岩地质图特征

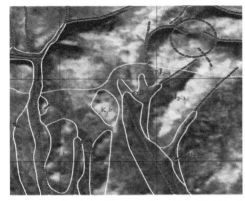

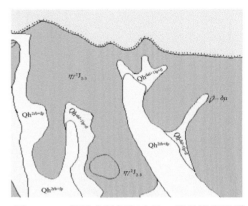

图 10-60　望峰公社幅细中粒二长花岗岩遥感
影像特征 [Landsat 8/OLI-753（RGB）]

图 10-61　望峰公社幅细中粒二长花岗岩地质
特征

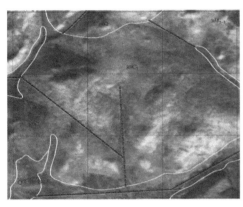

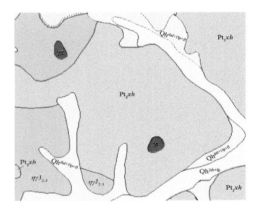

图 10-62　兴华渡口岩群变质岩遥感影像特征
[Landsat 8/OLI-753（RGB）]

图 10-63　兴华渡口岩群变质岩地质特征

二、线性构造解译对应地质成果

区内线性构造发育，主要成因为断层、节理裂隙等。不同方向的断裂（带）控制着工作区的地质体与地质现象的分布，以中生代火山岩为主的具有典型放射状断裂。该区侵入体受后期构造强烈切割，致使岩体具有破碎粗糙影纹或是"条带状"地形。

主要构造影像特征叙述如下：

（1）东西向构造：为工作区最早期构造，主要为东西向断层、裂隙等，主要标志是直线沟谷，遥感影像上明显的线性异常，由于受其他方向断层的切割断续分布，规模不大（图 10-64、图 10-65）。

（2）北东向构造：表现在控制沟谷方向，河流钩头相对，延伸很远。穿切侵入体而止于火山机构，或不同火山机构之间，推测北东向构造为中生代火山形成之前发育（图 10-66、图 10-67）。

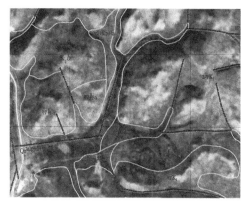

图 10-64 东西向构造遥感影像特征

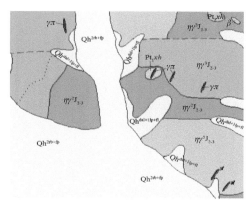

图 10-65 东西向构造地质特征

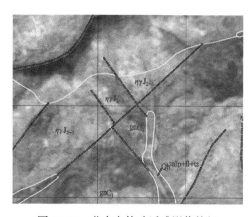

图 10-66 北东向构造遥感影像特征

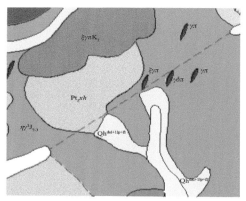

图 10-67 北东向构造地质特征

（3）北西向构造，深大断裂（带）贯穿全区，以两侧构造不连续、破碎带以及地质体错断等为主要解译标志。这是控制工作区岩石（性）分布和构造差异的主要断裂带，也为继承性断层，平面形态略呈舒缓波状。北西段为直线沟谷，两侧构造不连续；南东段则地表没有沟谷但是控制了火山口（岩）的北西向分布，应该是深大断裂带的反映（图 10-68～图 10-70）。

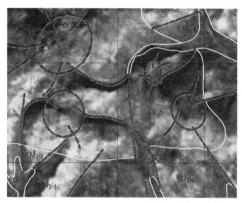

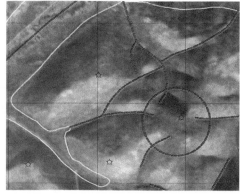

图 10-68 北西向构造遥感影像特征

（4）南北向构造在该区很发育，以控制河流（冲沟）发育为标志，总体为折线状的张性构造带，对工作区岩性和构造均有控制，为工作区最晚期构造或继承性活动。

图 10-69　北东、北西向构造航片影像特征　　　图 10-70　北西、东西向构造航片影像特征

综上，图幅发育北西、北东、东西和南北向线性构造，其中东西向为最早期构造，南北向最晚，且贯穿全区，控制现代河流发育，北西（北东）向发育较晚（或是继承性新的活动）。

三、环形构造解译对应地质成果

工作区环形构造主要为火山机构成因。火山机构的环形影像单元主要表现为在火山喷发亚带或火山堆积盆地影像范围内，以四周放射状沟谷汇聚的凸起的环状地貌特征为主，显示为沿火山口或塌陷破火山口充填火山碎屑岩或熔岩的特征，并有沿 X 状断裂的两条分支断裂各自呈线状展布的特征。凡环形构造内部又有细小环形影像分布，一般指示酸性岩浆黏稠溢流的特征。本次遥感解译工作重点解译和火山机构有关的环形构造有 7 个，主要分布在工作区北、中、南部（图 10-71 ～图 10-75）。

图 10-71　环状放射状航片影像特征

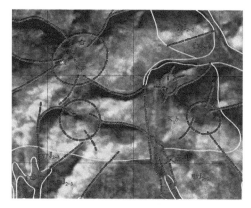

图 10-72　H1-H4 放射状构造遥感影像特征

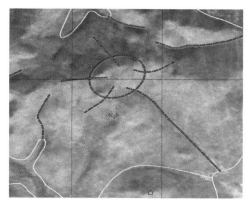

图 10-73　H5 环状构造遥感影像特征

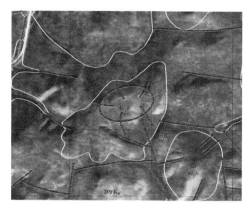

图 10-74　H6 放射状构造遥感影像特征

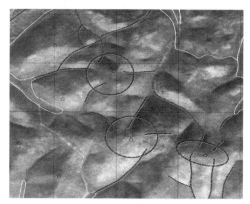

图 10-75　H7 环状构造遥感影像特征

第五节　综合地质填图方法组合有效性对比

一、地质体边界、性质、范围等要素确定

本次浅覆盖区地质填图工作是传统地质工作方法的总结与提升，针对目标地质体，采取实际直接观察和多元信息逼近推测或验证相关界线的方法，采取多元综合信息赋予地质体地学信息内涵及综合指标。

其中，地质体的接触界线可以采取直接观察法，首先在路线地质调查过程中，尤其是在露头出露相对集中区，收集相关的露头信息，直接获得地质体的接触关系。其次，利用岩性点变化、地质现象内生规律，遥感影像不同，地球物理、地球化学反演地质体所包含的填图单元指标等综合信息不同来推测接触界线的大概位置，选择有利地段，加密开展地、物、化综合剖面测制工作，提取综合信息指标，采取相关样品来确定地质界线的较确切位置。必要地段采用浅钻等工程手段来直接获取地质体信息。以上方法综合灵活使用可满足地质界线获取。在此基础上，地质界线的产状即可直接获得，情况较特殊时，也可获得基本的产状推断。

地质体的范围及边界通常有统一的地学内容属性，在综合柱状图中有统一表示，例如花岗岩，具有相同的岩石学特征、野外地质现象特征、地球化学特征、侵入期次关系、地球化学反演地质体综合指标、地球物理特征及遥感影像特征等。

地质体边界的性质，赋予地质体以世代序次关系。部分可以通过地质路线调查及剖面测制等技术手段直接观察测量获得，接触关系产状清楚。浅覆盖区由于地质体出露点少，出露面严重不足，间接的接触关系通常由地球化学综合指标、地球物理特征、后期发育脉体的切穿关系等不同方式来获得，通过一定的浅状工程或地球物理、化学综合解译来获得。

以上工作以基础的地质体基本工作为前提和目的。

二、综合地质填图方法组合有效性

通过物探、化探、遥感及多元信息融合技术为地质填图提供工作信息和重点。应用地质－化探－物探－遥感综合填图剖面测制，建立填图单元典型的岩性、化学成分、磁性、放射性及遥感影像特征，从而连接填图单元与地球物理、地球化学、遥感数据，依据地质验证及物性测试成果，完善并建立物探、遥感反演、解译的特征模型及解译标志。

化探资料的应用与研究贯穿在整个填图过程中，在立项研究即前期调研阶段，充分分析已有资料，应提供有关元素的区域地球化学场、异常、地表元素分布的指导性解释推断图件，便于合理地布置工作及设计相关工作量。通过1∶5万土壤地球化学测量进行土壤地球化学成分反演，确定岩石类型，编制地球化学单元图，形成地球化学反演地质草图。

在填图过程中，根据化探图件验证解释成果，修正、补充、完善各类地质资料。在最终成果中，提供反映化学元素的表生分布、区域化学场、异常的图件和资料，为今后的应用与研究提供基础性地质地球化学资料。

遥感图像上的地质信息通过处理和解译可以成为区域地质调查的生产力。可以利用遥感图像识别、提取、解译划分岩类，建立地层层序，对线状、环状、块状影像识别解译断裂及褶皱等地质构造，提取矿化蚀变信息。以上通过野外验证后可以成为基础地质资料的重要支撑。遥感地质工作能从整体、宏观上去解译地质体、地质构造，这是常规点、线地质调查的重要补充。

填图工作中综合以上信息要点，主要沿主山脊布设路线，应用精测路线和主干路线对遥感影像上有差异的地段、物化信息异常地区及构造发育部位进行重点调查和验证，系统搜集工作区内岩石、构造及矿化蚀变等野外第一手资料。综合调查信息，在岩石出露较为典型的地段开展综合剖面测制及浅钻工程验证，以获得工作区内主要填图单元的地、物、化、遥等综合信息，丰富地质矿产图内容，验证地质界线和其他地质信息，编制物化遥综合反演地质图。

综上，本指南分析了航磁、土壤数据反演及遥感解译、浅钻、X射线荧光分析等技术方法在森林沼泽浅覆盖区地质填图中的有效性（表 10-4），并总结了适用性较好的填图技术组合以及各类方法的综合表现（表 10-5）。

表 10-4 地质填图内容与技术方法组合对应效用参考表

技术方法		地质填图				第四纪地质	盆地研究	沉积矿产	固体矿产	水文地质
		新生界厚覆盖区	新生界浅覆盖区	基岩出露及斑状覆盖区	厚植被覆盖区					
全图幅资料搜集解释	航天遥感	●●	●●●	●●●	●●	●●●	●●	●●	●●	●●
	航磁	●●●	●●●	●●●	●●●	●●	●●	●●	●●●	●
	区域重力	●●●	●●●	●●●	●●	●●	●●●	●●	●●	●●
	区域化探	●	●●	●●	●	●●	●	●●	●●●	●
图幅内局部地域成果资料搜集利用	航空遥感	●	●●	●●●	●	●●●	●●	●●	●●	●●
	航空能谱	●	●●	●●●	●●	●●	●●	●●	●●	●
	航电	●	●●	●●●	有疏松盖层时 ●●	●●	●●	●●	●●	●●●
	地面大比例尺磁、重、化探	●●	●●●	●●●	有疏松盖层时 ●●●	●●	●●	●●	●●	●●
	剖面类电法	●	●●●	●●	有疏松盖层时 ●●	●●	●●	●●	●●	●●●
	测深类电法	●●●	●●●	●	有疏松盖层时 ●●	●●●	●●●	●●●	●	●●●
	地震	●●●	●●	●	有疏松盖层时 ●●	●●	●●●	●●	●●	●●
	钻探	●●●	●●●	●●●	●●●	●●●	●●●	●●●	●●●	●●●

注：●●● 表示预期应用效果较好，必须搜集解释或搜集利用的；

　　●● 表示预期应用效果一般，可根据情况搜集解释或搜集利用的；

　　● 表示预期应用效果较差，可不考虑搜集利用的。

表 10-5 综合填图方法组合手段对比表

技术手段	传统填图方法	综合填图方法	可行性评价及优势
路线地质调查	1∶5万路线填图网度(500m×800m)，碎石捡块结合少量露头，填图精度不高，目的性不强，工作量大	结合航磁、遥感反演解译成果开展验证路线	物探、遥感解译先行，结合解译成果布设穿越主山脊、支山脊验证路线，填图目的性强，减少大量人力、物力，填图精度高
地质剖面	沿山脊开展槽探揭露工作，植被破坏严重，日工作量较少，耗人较多，工作量较为机械	以钻代槽、地物化遥综合剖面	便携、操作性强，3～4 人即可开展工作，不破坏植被，不与林业保护政策相违背，基岩岩性控制较传统点槽准，开展地物化遥综合剖面研究，建立物化遥反演解译与地质体之间的联系，为后续的反演和解译提供标准和依据

续表

技术手段	传统填图方法	综合填图方法	可行性评价及优势
物探解译	主要开展重、磁异常的解释工作，没有深入总结各个填图单元的磁性特征，与地质填图存在一定程度的脱节	航磁数据反演	除分析航磁数据异常外，利用1：5万航磁数据划分磁性体，结合地质验证成果，编制航磁反演地质草图，为地质调查提供依据
1：5万土壤地球化学测量	以找矿为目的，结合工作区内主成矿元素组合，圈定异常，寻找成矿有利地段，结合地质背景划分成矿远景区	土壤化学成分反演	通过分析土壤样品33种元素，结合不同填图单元原岩样品，划分地球化学单元块图，结合地质调查验证成果，形成反演地质草图
遥感解译	数据源少，缺少遥感影像标志的多因素解译，可信度不高	多时段、多数据源解译	采用多时段、多波段、多数据源的遥感影像数据开展遥感解译工作，全面建立区内各个填图单元的遥感解译标志，结合地质路线调查成果对解译标志进行修正
土壤、原岩样品分析	在传统采样基础上送实验室进行测试，周期较长，容易延误野外工期，分析成本较高	X射线荧光快速分析仪	在野外即可测试，测试周期短，人员需求少，同时分析元素较多，成本较低，可在野外快速圈定异常，配合以钻代槽可快速开展异常查证工作
异常查证	在野外对异常出露较好的地段开展槽探揭露，从而圈定矿体、矿化体及蚀变带，植被破坏较大，个别地段挖掘深度不够，基岩岩性控制不准	以钻代槽	采用以钻代槽工作方法，对异常好、强度高的地段进行浅钻分析，可快速圈定矿体，且不破坏植被，快速、轻便
覆盖层特征调查	传统方法对于森林沼泽覆盖区覆盖层研究较为薄弱，甚至没有，对第四纪堆积物的特征研究相对较少	遥感解译、浅钻分析以及地质调查	依据多数据源遥感影像解译及地质调查成果，对覆盖层类型、厚度及出露特点进行地质调查，有利于解释覆盖层下伏基岩的特征，同时配合浅钻，分析第四纪覆盖层成分垂向变化特征

三、综合地质填图方法组合存在的不足

（1）浅覆盖区地质填图工作有必要绘制专门的露头及残积点出露情况图表，残积点的定义及技术要点还处于探讨阶段，可操作性一般。

（2）以地表地质调查、物化遥综合反演、X射线荧光快速分析以及浅钻相互辅助、验证的方法是一个有机整体，由于时间限制和工作手段的探索，项目工作中存在一些工作的衔接不够、分析不透、总结不深的情况。

（3）能量色散X射线荧光分析仪开展土壤地球化学测量样品分析测试工作，还处于实验阶段，目前行业还没有合适的标准出台，未来能否推行还存在一定的风险。

（4）在森林沼泽浅覆盖区开展以钻代槽工作，虽然减少了人工探槽对植被的破坏，但地质效果一般。地层剖面测制过程中产状及接触关系的解决还存在孔位布设性价比低、全孔取心等难题。

（5）由于浅覆盖区的覆盖，直接证据缺乏，地质、物探、化探和遥感对填图单元与地质构造的解译和验证难免存在分歧，对于最终的成果表达有直接影响。

第十一章 矿产调查实践

通过以往工作的总结，地球化学测量在森林沼泽浅覆盖区地质找矿工作中有重要的先导作用，通过地球化学测量化探样品的测试，有利于更快确定成矿目标区，结合物探、地质等方面的工作快速确定查证位置，开展矿产查证工作。

第一节 综合致矿异常调查

一、1∶5万土壤地球化学异常选取

（一）数据处理及准备阶段

本次工作在工作区内开展了1∶5万土壤地球化学测量工作，对于样品的分析测试数据进行细致的研究和分析，结合以往工作经验，总结了区内1∶5万土壤地球化学矿致异常研究思路，具体叙述如下。

1. 地质子区划分

为了更确切地反映区内元素在不同地质背景中的地球化学特征，在地球化学异常圈定之前应进行地质子区的划分工作，结合地质调查成果，将岩性相同或相似的地层作为一个地质子区，这种划分方法能更好地反映区内接触带、跨越不同地质体的蚀变带、矿化带和构造带的地球化学元素的迁移、富集、成晕和成矿规律及空间分布特征，同时兼顾土壤地球化学测量汇水盆地的范围、地形切割程度和不同岩性的分布、构造发育程度等条件。

依据本次地质调查成果，结合地形地貌等特征将工作区划分了五个子区，1区为中生界下白垩统白音高老组（K_1b），2区为晚寒武世混合岩（$\gamma m\epsilon_3$），3区为中 – 晚侏罗世二长花岗岩（$\eta\gamma^5 J_{2\text{-}3}+\eta\gamma^4 J_{2\text{-}3}+\eta\gamma^3 J_{2\text{-}3}+\eta\gamma^2 J_{2\text{-}3}+\eta\gamma^1 J_{2\text{-}3}$），4区为早白垩世碱长花岗岩，5区为早白垩世二长花岗岩，各子区情况详见表11-1、图11-1。

2. 元素地球化学参数特征

异常圈定之前，元素的地球化学参数统计是十分重要的工作，主要包括元素背景值、平均值（C_0）、标准离差（S_0）、变异系数（CV）、算术平均值、几何平均值、最大值和最小值及异常下限等。异常下限（T）是区分异常与背景的重要参数，一般按 $T=X+K\times S$

计算，K 取 1.65 ～ 2.00。有些元素两个子区下限比较接近故取相同下限，其中前三种对于元素的富集程度及元素含量差异性具有很好的指示意义。

表 11-1 工作区子区分区一览表

子区	包含主要地质体代号
1 区	K_1b
2 区	$\gamma m \epsilon_3$
3 区	$\eta\gamma^5 J_{2\text{-}3} + \eta\gamma^4 J_{2\text{-}3} + \eta\gamma^3 J_{2\text{-}3} + \eta\gamma^2 J_{2\text{-}3} + \eta\gamma^1 J_{2\text{-}3}$
4 区	$\chi\rho\gamma K_1$
5 区	$\eta\gamma\pi K_1 + \eta\gamma K_1$

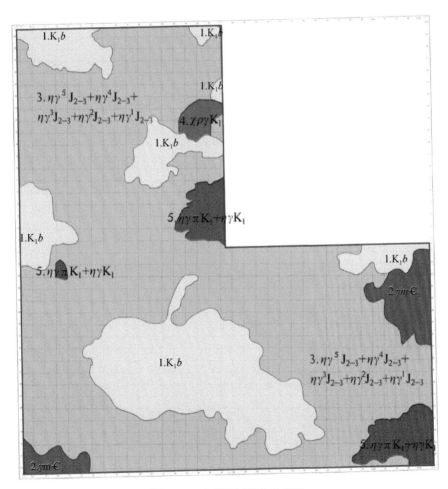

图 11-1 地质子区划分示意图

经分析可知工作区内 Sn、W 与全省平均值基本相当，Bi、Mo、Pb、Zn 元素在全区及各子区表现出较高背景值，其余元素均表现出较低背景值。变异系数在各区均较大的元素有 Ag、Mo，Au、Bi、Pb 元素在 1 区变异系数较大，Au、Ni 两元素在 3 区比变异系数较大，Au、Pb 元素在 5 区变异系数较大，说明这些元素含量有明显差异，对成矿有利。Bi、Mo、Pb 元素含量偏高明显。

3. 元素分布型式检验

由于元素分布型式不同，计算异常下限的方法也不相同，一般非正态分布的元素统计下限时采用众值进行计算；呈对数似正态分布及对数正态分布的元素统计下限时按对数进行计算，算数正态分布和算数似正态分布的数据组均采用平均值统计下限。所以为更准确地确定异常下限值，对工作区数据各元素在各子区分布型式进行了检验，检验结果为：1 区内 Ag、Au、Bi、Mo 元素呈对数似正态分布，Co、Pb 元素不符合正态分布，其余元素均呈算数似正态分布。2 区内 Au、As 元素呈对数似正态分布，其余元素均呈算数似正态分布。3 区内 Ag、Au、Mo 元素呈对数似正态分布，Bi、Pb 元素不符合正态分布，其余元素均呈算数似正态分布。4 区内 Mo 元素呈对数似正态分布，As、Co、Ni、Hg 元素呈算数正态分布，其余元素呈算数似正态分布。5 区内 As、Au 元素呈对数似正态分布，其余元素呈算数似正态分布。

4. 元素共生组合分析

对于区内元素共生组合分析有助于查明区内成矿元素组合特征，对于矿化异常的地质认识至关重要，而且是后续组合异常的圈定和解释的重要基础。本次工作对分析元素做了相关性分析，工作区元素相关性较好。以相关性系数 0.4 为界限，区内元素可分为六组，分别为：① Ag-Pb-Mo-Cu-Bi-W；② As-Sb-Co-Ni；③ Mo-Zn；④ Sn；⑤ Hg；⑥ Au。其中 Ag 和 Pb，As 和 Sb，Co 和 Ni 表现出较强相关性。Au、Hg 与其他元素相关性不强，见图 11-2。

（二）异常统计及图件编制

样品分析数据处理应用乌鲁木齐金维图文信息科技有限公司开发的 GeoIPAS 软件完成，图件全部用 MapGIS 软件完成，统计圈定的单元素异常及组合异常等，编制异常登记表（包括单元素异常及综合异常），并对异常进行评序，其中单元素异常按面积、平均值、衬度、极大值、规模等五个参数进行综合评序，同一元素单元素异常根据五参数大小由小到大进行排序，对综合异常主要考虑元素组合、异常规模、异常强度及异常所处地质条件等因素进行筛选、分类及评序，对于评序靠前的异常，结合物探及其他异常综合考虑开展异常查证工作，其余异常给出下一步工作建议。编制的主要图件有单元素异常图、综合异常图以及反映元素空间分布变化的地球化学图等。

（三）1：5 万土壤测量成果

本工区共圈出 931 个单元素异常，其中 Ag 元素 76 个，As 元素 56 个，Au 元素 80 个，

相关对连结表

Ag-Pb 0.705	As-Sb 0.606	Co-Ni 0.579	Ag-Mo 0.478
Bi-W 0.466	Ag-Cu 0.434	Ag-Bi 0.427	Mn-Zn 0.426
As-Co 0.406	Ag-As 0.401	As-Mn 0.375	As-Sn 0.374
Ag-Hg 0.143	Ag-Au 0.053		

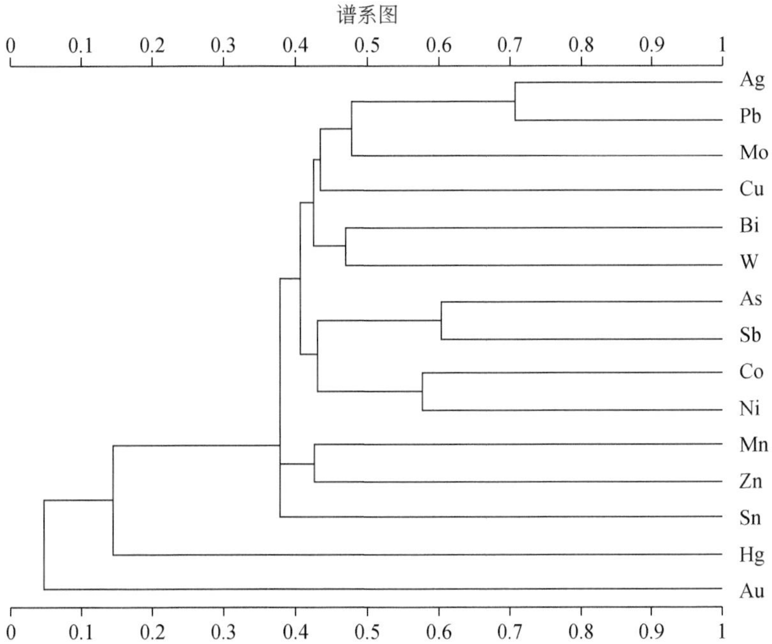

谱系图

图 11-2 R 型聚类分析图

Bi 元素 84 个，Co 元素 40 个，Cu 元素 49 个，Mo 元素 82 个，Ni 元素 39 个、Pb 元素 86 个、Hg 元素 40 个，Mn 元素 64，Sb 元素 53 个、W 元素 45 个，Sn 元素 58 个、Zn 元素 79 个。其中 Au、Ag、As、Mo、Bi、Ni、Pb、W 元素均有内带，Mo、Bi 规模较好，其中 Mo 元素极大值为 95.4×10^{-6}，Bi 元素极大值为 32.6×10^{-6}。其他单元素异常分布较分散，强度和规模一般。

　　本次土壤测量共圈出综合异常 40 处，根据综合异常分类原则，确定乙$_3$ 类异常 5 个，丙$_1$ 类异常 12 个，丙$_3$ 类异常 23 个，部分综合异常评序结果见表 11-2。经过筛选后认为较有成矿前景的综合异常有 6 处，包含望 -14-Ht-10、望 -14-Ht-12、望 -14-Ht-13 等。以综合异常为例叙述如下：

　　望 -14-Ht-10 综合异常位于工作区西部，由 6 种元素的 6 个单元素组成（表 11-3）。异常形态不规则，元素套和一般，浓集中心分散。Mo 元素异常面积较大，Mo、Bi 元素有内带，强度和规模较好。

表 11-2　部分综合异常分类及评序表

分类	编号	总规模	排序	备注
乙 3	望 -14-Ht-02	82.02	3	开展进一步工作
	望 -14-Ht-10	24.33	6	开展进一步工作
丙 1	望 -14-Ht-01	36.92	4	不开展工作
	望 -14-Ht-13	16.21	13	开展进一步工作
	二 -14-Ht-19	35.10	5	不开展工作
	壮 -14-Ht-22	2.61	39	不开展工作
	壮 -14-Ht-30	91.31	2	不开展工作
	二 -14-Ht-34	16.10	14	不开展工作
丙 3	望 -14-Ht-03	15.10	16	不开展工作
	望 -14-Ht-16	7.33	29	不开展工作
	二 -14-Ht-17	11.02	20	不开展工作
	壮 -14-Ht-21	16.85	12	不开展工作
	二 -14-Ht-31	5.57	34	不开展工作
	壮 -14-Ht-32	5.30	35	不开展工作

表 11-3　望 -14-Ht-10 综合异常特征表

单元素异常编号	面积 /km²	平均值	极大值	衬度	规模	分带	下限
Mo-36	3.493	16.47	64.80	4.99	17.44	内带	3.3
Bi-37	1.120	2.88	22.00	4.79	5.37	内带	0.60
Mn-56	0.330	3643.4	5004	1.98	0.654	中带	1837
Zn-24	0.337	199.0	268.0	1.38	0.46	外带	144.5
W-16	0.171	3.26	4.31	1.28	0.218	外带	2.55
Hg-17	0.180	0.054	0.054	1.07	0.194	外带	0.05

注：Au 单位为 10^{-9}，其他元素单位为 10^{-6}。

望 -14-Ht-13 由 5 种元素的 5 个单元素组成（表 11-4）。异常形态不规则，元素套合不好，浓集中心分散。Bi 元素异常面积较大，Mo 元素有内带，强度和规模较好。异常区主要出露中生界下白垩统白音高老组（K_1b）：深灰、灰绿色流纹岩、流纹质凝灰岩、流纹质凝灰熔岩、流纹质角砾凝灰岩；中 – 晚侏罗世细中粒二长花岗岩（$\eta\gamma^3 J_{2-3}$）。异常成因可能为以 Mo 元素为主的多金属次生富集引起，暂定为丙 1 类异常（图 11-3）。

表 11-4　望 -14-Ht-13 综合异常特征表

单元素异常编号	面积 /km²	平均值	极大值	衬度	规模	分带	下限
Mo-41	1.326	16.37	50.00	4.96	6.58	内带	3.3
Bi-38	2.593	1.20	2.76	2.00	5.17	中带	0.60
Au-15	0.982	3.5	5.8	3.53	3.47	中带	1.0
W-17	0.568	3.25	3.94	1.28	0.725	外带	2.55
Cu-27	0.229	23.1	24.1	1.13	0.26	外带	20.5

注：Au 单位为 10^{-9}，其他元素单位为 10^{-6}。

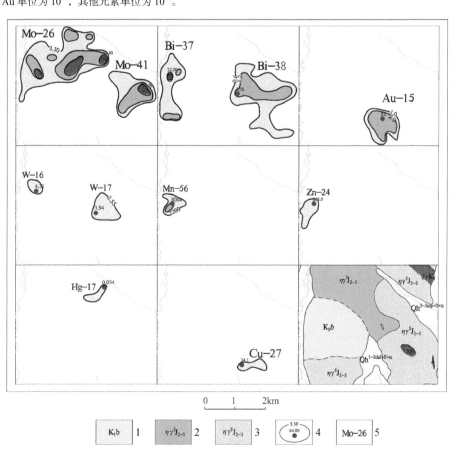

图 11-3　望 14-Ht-10、望 14-Ht-13 综合异常剖析图

1. 白音高老组：深灰、灰绿色流纹岩、流纹质凝灰岩、流纹质凝灰熔岩、流纹质角砾凝灰岩；2. 中 – 晚侏罗世细中粒二长花岗岩；3. 中 – 晚侏罗世中细粒、细粒二长花岗岩；4. 异常极大值及异常下限（Au 单位为 10^{-9}，其他元素单位为 10^{-6}）；5. 单元素异常编号

二、1 : 2 万综合异常区矿产调查工作

依据 2014 年度 1 : 5 万土壤地球化学测量成果，对望峰公社幅内有成矿远景的异常开

森林沼泽浅覆盖区 1 ：50000 填图方法指南

展了 1：2 万综合异常区大比例尺的查证工作，结合大比例尺异常的化探成果及地质条件，2015 年度择优对望 14-Ht-10、望 14-Ht-13 组合异常开展了 1：2 万高精度磁法测量、1：2 万激电中梯测量及 1：2 万面积性地球化学查证工作，并进行了以钻代槽实验，叙述如下。

（一）地球物理特征

1. 1：2 万磁场特征

全区按磁场值的大小共划分了三个区，其中高值区从 53 线到 29 线，呈条带状分布，宽度大约为 700m 到 1000m 不等，其中 53 线从 156 号点到 248 号点；49 线从 140 号点到 236 号点；45 线从 136 号点到 236 号点；41 线从 132 号点到 236 号点；37、33、29 线从 180 号点到 248 号点左右，高值区向上未封闭。依据其磁场特征推断该区有一条断裂带，横穿 53 线到 13 线左右，位于工区的中东部，方向为北西向 45°，此断裂带两侧岩性分别为：中－晚侏罗世二长花岗岩（$\eta\gamma J_{2-3}$）（岩性为细中粒、中细粒黑云母二长花岗岩）。

负值区位于工区的东南角（图 11-4）。负值区位于下白垩统白音高老组之上，岩性为英安岩、英安质（含角砾）熔结凝灰岩、（流纹）英安质含角砾凝灰岩，夹薄层流纹岩、流纹质含角砾凝灰岩，吻合得非常好。中值区位于高值区和负值区以外的部分。

从磁异常图可以看出，异常区分布在构造带的两侧，两侧的岩性分别为中－晚侏罗世二长花岗岩（$\eta\gamma J_{2-3}$）（岩性为细中粒、中细粒黑云母二长花岗岩），由此同样可推断出此

参数比例尺 1cm=300nT

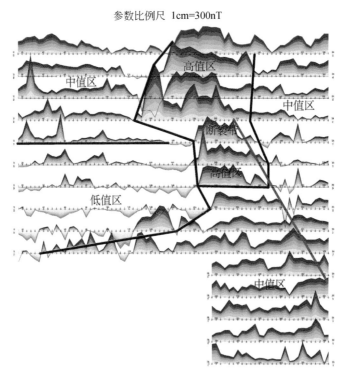

图 11-4 1：2 万高精度磁测 ΔT 剖面平面图

红色线代表构造带，黑色线代表划分区域

异常与该断裂带关系密切。

2.1 : 2 万激电特征

从电阻率上来看，根据电阻率值把 Ht-10 区分为一区（异常区）和二区（正常场），Ht-10 区西南角从 37 线到 17 线，16 号点到 80 号点大约 0.6km² 范围内（一区）异常值均比较高，在 21 线 72 号点电阻率最高值达到 5600Ω·m，该异常区刚好处在地层下白垩统白音高老组之上，岩性为英安岩、英安质（含角砾）熔结凝灰岩、（流纹）英安质含角砾凝灰岩，夹薄层流纹岩、流纹质含角砾凝灰岩。吻合得非常好。

平稳场（二区）场值均比较小，电阻率值为 1000Ω·m 左右，对应的地质体为中 – 晚侏罗世二长花岗岩（$\eta\gamma J_{2-3}$），岩性为细中粒、中细粒黑云母二长花岗岩（图 11-5、图 11-6）。

（二）地球化学特征

1 : 2 万土壤地球化学数据处理及异常圈定方法及编制图件种类与 1 : 5 万土壤地球化学测量方法相同。本次工作共圈出单元素异常 99 个。其中 Ag、Au、Bi、Cu、Mo、Pb、Zn 元素有分带（表 11-5）。圈定综合异常 7 处，根据综合异常分类原则，确定乙₃类异常 1 处，丙₁类异常 2 处，丙₃类异常 4 处，综合异常评序结果见表 11-6。

表 11-5　单元素异常个数统计表

元素	Au	Ag	As	Bi	Cu	Mo	Pb	Sb	Sn	W	Zn
异常数	14	7	11	9	8	13	10	5	10	5	7

表 11-6　综合异常评序表

分类	编号	总规模	排序	备注
乙₃	Ht-07	2.228	1	
丙₁	Ht-01	0.327	2	
	Ht-02	0.219	4	
丙₃	Ht-05	0.255	3	
	Ht-04	0.139	5	
	Ht-03	0.084	6	
	Ht-06	0.053	7	

1 : 2 万异常查证地段的选取原则为以土壤地球化学异常为主导，综合考虑高磁、激电异常特征以及异常产出的地质背景。基于上述原则，选取 Ht-3、Ht-4 两处综合异常，应用浅钻进行异常的查证工作。

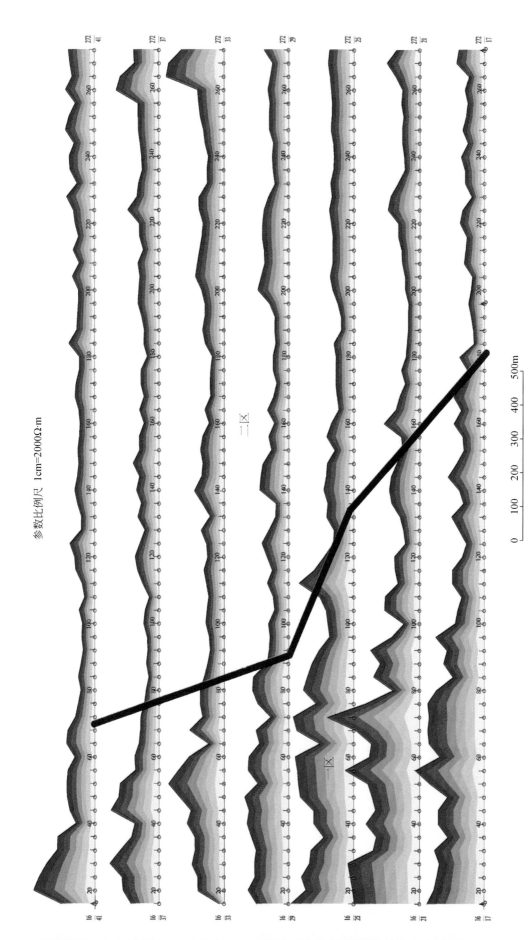

参数比例尺 1cm=2000Ω·m

二区

一区

图 11-5 视电阻率剖面平面图

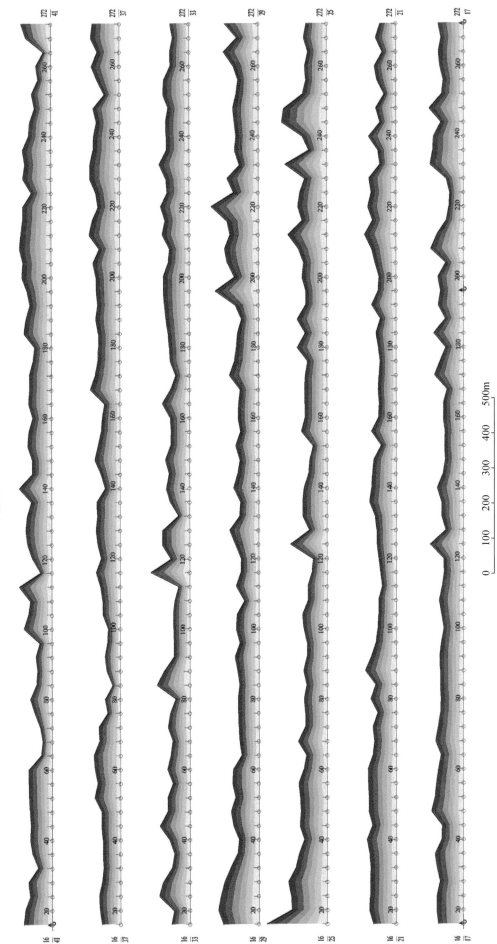

参数比例尺 1cm=2.0%

图 11-6 视极化率剖面平面图

（1）地球化学异常特征

①Ht-3 综合异常

异常位于工作区中部。由 3 种元素的 3 个单元素异常组成。主成矿元素为 Mo，极大值可达 51.2×10^{-6}。见表 11-7、图 11-7。

表 11-7　Ht-3 综合异常特征表　　　　　　　　　　（单位：10^{-6}）

单元素异常编号	面积 /km²	形态	极大值	平均值	衬度	规模	分带	下限值
Mo-8	0.037	不规则形	51.2	34.8	1.88	0.069	中带	18.54
Cu-6	0.008	椭圆形	29.4	26.3	1.11	0.009	外带	23.7
As-5	0.006	椭圆形	8.6	8.4	1.04	0.006	外带	8.1

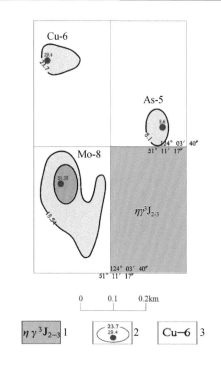

图 11-7　Ht-3 综合异常剖析图

1. 中 – 晚侏罗世细中粒二长花岗岩；2. 异常极大值及异常下限（单位为 10^{-6}）；3. 单元素异常编号

②Ht-4 综合异常

异常位于工作区中部。由 3 种元素的 3 个单元素组成。主成矿元素为 Mo，且 Mo 具有较高的背景值，最大值可达 90.5×10^{-6}。见表 11-8、图 11-8。

（2）地球物理特征

结合本次高精度磁法及激电中梯测量结果可知，本次工作所选取的两处综合异常在 ΔT 剖面平面图中均位于高值区，而在 ΔT 等值线图中位于低值区，激电中梯测量结果显示其视电阻率较低，在土壤异常范围内则出现高极化率值。故基于上述考虑选择这两处综合异常进行异常查证工作。

表 11-8　望 14-Ht-10 查证区 Ht-4 综合异常特征表　　　　　　（单位：10^{-6}）

单元素异常编号	面积 /km²	形态	极大值	平均值	衬度	规模	分带	下限值
Mo-9	0.059	不规则形	90.5	38.17	2.06	0.121	中带	18.54
Pb-2	0.012	椭圆形	38.5	35.4	1.075	0.013	外带	32.9
As-6	0.005	椭圆形	8.7	8.5	1.04	0.005	外带	8.1

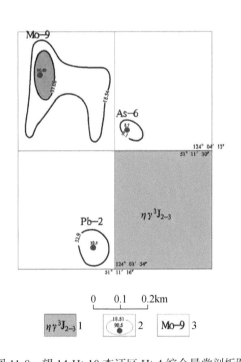

图 11-8　望 14-Ht-10 查证区 Ht-4 综合异常剖析图

1. 中 – 晚侏罗世细中粒二长花岗岩；2. 异常极大值及异常下限（单位为 10^{-6}）；3. 单元素异常编号

（三）浅钻异常查证

本次工作实施绿色勘查的理念，应用浅型取样钻机开展异常查证工作，主要用于圈定和追索矿（化）体，同时，改善以往地质勘查工作过程中对生态环境的破坏，以求以最低程度的生态扰动达到地质找矿的目的。

本次工作对查证区内 Ht-3、Ht-4 两处综合异常开展了查证工作（图 11-9），由于浅型取样钻机在野外施工过程中具有较强的机动性，相邻钻孔的间距也较为灵活，在土壤异常高值点附近或发现矿化线索时可适当加密钻孔，而布设在异常外围的控制钻孔间距可适当加大，这样工作量部署更加灵活，同时也是基于填图试点工作经济可行性的考虑。

钻机施工前平机台，挖掘简易　　　　浅钻施工(30钻机)　　　　　　浅钻施工(50钻机)
蓄水池(30钻机)

变换孔位　　　　　　　　　浅钻采取的中细粒二长花岗岩的岩心

图 11-9　浅钻异常查证

第二节　X 射线荧光快速分析方法研究

X 射线荧光分析仪在民用行业最早出现在 20 世纪 90 年代，但当时由于硬件方面的技术问题，在我国推广还十分缓慢，主要应用于水泥制造、铁选矿等个别行业，现荧光分析仪已广泛应用于我国的找矿、选矿、冶炼、建材、质检等多个行业，发展迅速，本次工作对比 X 射线荧光分析与实验室化验分析，发现该方法相对后者有着明显的优势（表 11-9）。

表 11-9 能量色散荧光分析与实验室化学分析的优势对比分析表

对比项目	能量色散荧光仪分析	实验室化学分析
携带方便性	小巧，可车载或在野外基地使用	无法在野外使用
分析速度	轻元素 2～3min 完成，重元素 3～5min 完成	通常需要几小时，甚至更长时间
分析周期	极短，小批量可当日分析，大批量可次日分析	漫长，大批量常常需要几个月
同时分析元素	轻重元素均可一次性分析十几种元素	除个别可以联测外，一次只能分析一个元素
分析成本	除仪器本身折旧外，只有电耗和极少量的硼酸	费用很大，尤其对多元素分析时更是如此
可操作性	简单（压样、分析）	复杂（称重、融样、滴定）
人为误差	很小或几乎没有	较大
人员需求	极少	大量人员
定性分析	简单，仪器可显示 Na—U 的绝大部分元素	难操作
基体误差	稍明显（但引起的误差远低于采样误差）	不明显
现场指导性	可实时检测，进行现场指导	无法进行现场指导
工作时间	工作时间短，可在现场或基地与其他地质工作几乎同步进行，协调一致	工作时间长，无法与其他地质工作同步进行，严重滞后，极易造成工作的跨年现象
项目投入	可节省大量分析资金和其他经费投入，节省国家资金	分析成本高，周期长，造成时间和资金投入加大

一、项目测试元素的指标表现

工作开展中陆续对仪器的软件和硬件进行了改进，重点在轻元素的准确度和精密度及提高重元素的检出限方面，见表 11-10。将重元素模式由原来的一种模式变成了两种模式，对前一部分和后一部分元素分开测试，进一步降低了本底，提高了检出限，从而使仪器可检测的元素大大增加。

表 11-10 常量元素分析值及偏差

分析批次	Na_2O/%	MgO/%	Al_2O_3/%	SiO_2/%	K_2O/%	CaO/%	$^TFe_2O_3$/%
Ht547	2.58	1.06	15.17	65.91	2.71	0.91	4.47
Ht547	2.56	1.12	15.18	65.84	2.69	0.91	4.47
Ht547	2.7	1.12	15.11	65.86	2.71	0.91	4.48
Ht547	2.45	1.03	15.14	65.86	2.71	0.91	4.47
Ht547	2.74	1.15	15.29	66	2.71	0.91	4.47
Ht547	2.62	1.04	15.17	65.8	2.7	0.9	4.46

续表

分析批次	Na$_2$O/%	MgO/%	Al$_2$O$_3$/%	SiO$_2$/%	K$_2$O/%	CaO/%	^{T}Fe$_2$O$_3$/%
Ht547	2.57	1.12	15.11	65.76	2.69	0.9	4.47
Ht547	2.28	0.99	15.1	65.77	2.69	0.91	4.46
Ht547	2.68	1.13	15.16	65.78	2.7	0.9	4.47
Ht547	2.55	1.12	15.14	65.76	2.7	0.91	4.46
Ht547	2.67	1.06	15.14	65.78	2.7	0.91	4.46
Ht547	2.62	1.14	15.12	65.79	2.7	0.91	4.46
化分结果	2.55	1.09	15.09	65.47	2.7	1.01	4.43
平均值	2.59	1.09	15.15	65.83	2.7	0.91	4.47
极差	0.29	0.16	0.19	0.24	0.02	0.01	0.01
标准偏差	0.1187	0.0483	0.0485	0.0694	0.0075	0.0043	0.0062
相对标准偏差	4.58	4.43	0.32	0.1	0.28	0.47	0.14
行业规范标准偏差	≤ 7	≤ 7	≤ 7	≤ 7	≤ 7	≤ 10	≤ 7

注：行业规范标准偏差引自《地球化学普查规范（1：50000）》（DZ/T 0011—2015）。

二、国家标样在仪器中的表现

本次工作参照的国家行业规范是中华人民共和国地质矿产行业标准《地球化学普查规范（1：50000）》（DZ/T 0011—2015）。标定仪器参照的国家标样为 12 个国家标准物质，它们全部取自全国的不同地区，具有典型的代表性。以辽宁省地质矿产研究院分析的结果为标准进行结果对比研究。

在分析仪标定曲线过程中加入了国家标样标定曲线，这些国家标样在分析仪中具有极好的表现，它们具有很好的线性，尽管样品来自不同地区，但在仪器中几乎没有表现出基本误差，说明仪器对不同地区的土壤样品均具有极好的适应性。

三、项目测试效果分析

通过对比分析可知该仪器轻元素测试分析数据与化学分析基本一致，在一定程度上可代替化学分析，但重元素分析具有一定的局限性，可直接检测的元素有：Co、Ni、Cu、Zn、Pb、As、Sr、Ba、Zr、Mo、Sb、La、Nb、Th、Y、W、Sn，适合于快速寻找这些类型的矿产；Ag、Au、Bi、Hg、U，超出仪器的检出限，故不能直接检测，可以通过相关分析进行解决。

　　能量色散 X 射线荧光分析仪和测试方法能基本满足 1：5 万～1：2 万土壤地球化学测量样品测试要求，工作中对土壤、岩石等样品中的元素含量进行分析，可在地球化学测量施工的同时快速分析样品中的元素含量，减轻了实验室的化验分析依赖，能在样品采集工作结束之后快速圈定异常，开展面积性异常的查证工作，大大节省了野外的生产时间，在异常查证工程揭露的过程中通过测试样品中主成矿金属元素含量，快速配合项目其他生产工作，可更加合理、准确地圈定矿体，节省开支的同时也大大提高野外的工作效率。

第十二章　环境效应分析应对及绿色勘查探索

第一节　环境效应分析及应对

为贯彻落实中央"五位一体"战略布局和绿色发展理念，需要探讨生态文明战略在地质勘查领域的具体措施。在地质调查的过程中，要注意目前的自然因素或人类活动等对人类生存和发展面临的环境问题。生态环境的不可持续即人类生存发展的不可持续。环境效应与人和生物的生存及发展关系密切。

环境效应是指自然过程或者人类的生产和生活活动会对环境造成污染和破坏，从而导致环境系统的结构和功能发生变化的过程。按形成原因分为自然环境效应、环境化学效应和环境物理效应。有正效应，也有负效应。

一、环境效应分析

森林沼泽浅覆盖区主要面临植被减少、黑土流失、冻害严重、生物多样性减少等环境效应。对森林的乱砍滥伐，不仅会造成水土流失，增加干旱、风沙等灾害，从而使农业减产、城市受害，而且还会使鸟类的栖息场所缩减，影响鸟类繁衍，增多虫害等等。

当前气候异常、水土流失、物种减少、生物多样性不断减少的主要原因是人类的各种活动：一是大面积森林受到采伐和农垦，草地遭受过度放牧和垦殖，等不到及时休养，导致了物种生存环境的大量丧失，保留下来的生境也支离破碎，对野生物种造成了毁灭性影响；二是对生物物种的强度捕猎和采集等过度利用活动，使野生物种难以正常繁衍；三是工业化和城市化的发展，对淡水资源的不断增长，占用了大面积土地，破坏了大量天然植被，并造成大面积污染；四是无控制的旅游，使一些尚未受到人类影响的自然生态系统受到破坏；五是土壤、水和空气污染，危害了森林，特别是对相对封闭的水生生态系统带来毁灭性影响；六是全球变暖，导致气候形态在比较短的时间内发生较大变化，使自然生态系统无法适应，可能改变生物群落的边界，冻土环境的改变对人类工程建设也造成了一定程度的破坏。尤其严重的是，各种破坏和干扰会累加起来，会对生态环境造成更为严重的影响。

二、环境效应应对

人类的生产和生活活动会对环境造成污染和破坏，导致环境系统的结构和功能发生变化。既然人类已经意识和体验到环境效应的正反作用，那么对生态环境的恢复、治理是减少环境负效应的正确途径，需要落实在地质调查行动中。

地质条件是考虑环境效应的重要因素之一，地质调查过程应该根据地质体的出露情况、地表地质作用过程、有益有害元素分布、地质构造发育程度、生态保护红线、物种多样性、城镇发展规划等综合考虑地质工作的出发点和目的。

进入矿区开发阶段，矿区生态恢复主要从矿区废弃地土壤重金属污染的治理，矿区植被的恢复，水土流失的综合治理等绿色矿山建设工作来减少对生态环境的破坏，及时恢复生态环境正常功能。

第二节　绿色勘查现状

在传统地勘施工中，一方面加强矿产勘查，摸清资源家底也同样重要，提高能源资源保障程度，确保国家能源资源安全，事关国家经济社会发展大局。另一方面，要做好生态保护，毕竟青山绿水一去不复返，实现人与自然可持续发展的重要性不言而喻；生态保护和矿产勘查之间的矛盾愈益凸显。地质勘查的工作范围和空间正在被各种"保护区"迅速挤压，许多具有良好找矿前景的勘查区不得不戛然而止、半途而废。尤其对于生态环境脆弱、矿产资源丰富、地质工作程度较低的地区而言，如何兼顾"金山银山"和"绿水青山"的利益，成为摆在地方政府、自然资源和地勘单位面前的现实问题。

中华人民共和国国土资源部于2016年3月21日召开了全国的绿色勘查工作研讨会。此后，各个省区市根据本省区市的特点提出了各自的绿色勘查规章制度、鼓励措施等具体实施办法。本子项目也收到项目提出的绿色倡议和要求，做到最低限度的施工生态环境扰动。

一味地躲避所谓的各种保护区终究不是上策。自然资源主管部门正在全面梳理各地勘单位在绿色勘查方面的典型经验。国内一些地勘单位在"生态倒逼"的压力下，也开始独辟蹊径，尝试走绿色勘查之路。根据目前收集的资料，全国还没有统一的绿色勘查顶层设计和具体实施细则，但同时，各省区市已经出台了本省区市摸索的一些工作规章制度和条例。绿色勘查已经成为广大地质工作者的基本工作理念。

一、绿色勘查技术体系探索

绿色地质勘查作为一种先进的理念，在国外已得到广泛的传播和实践，国内各个自然资源管理部门和地勘队伍也将"推进绿色勘查，建设生态文明"作为地质勘查工作的核心理念，真正把生态保护意识贯穿于地质勘查全过程，摒弃过去只注重开发、不注重环境保护的观念，既要金山银山，更要绿水青山。

绿色勘查作为绿色矿业的重要组成部分，应该得到重视和加强。绿色勘查需要相适应的技术规范。要推动绿色勘查技术体系进步和完善，应从以下几个方面入手：

一是加强技术研发，不断提高绿色勘查的技术水平。只有采用先进的技术，才能不断提升实现绿色勘查的水平。现有的技术可以解决一部分问题，但还不成熟，要不断探索新的技术、新的方法和新的工艺，逐步形成绿色钻探技术体系。

二是需要有经费保障。绿色勘查，成本肯定增加，个别矿区增加的幅度还很大。建议对地质调查项目预算标准进行适当的修订，考虑增加绿色勘查的费用。目前很多市场项目都是参考地质调查项目定额来确定勘查费用的，地质调查项目定额的修订，对地勘市场也有一定的引导作用。

三是加强勘查规范的修订，形成绿色勘查的技术规范体系。绿色勘查，技术方法和手段都会发生变化，现有的规范和新的技术方法的应用有冲突和不适应，建议在确保达到勘查目的的前提下，对现有的勘查技术规范进行修订。

四是提高地质勘查综合效益。通过优化勘查方案，实施设备模块化、轻型化、集成化、信息化，大大提高了工作质量和效率，不仅提高了找矿效果，而且勘查周期和征地、搬迁成本同比下降，找矿效益提升。

五是探索建立绿色勘查体系。绿色勘查是一个新生事物，需要不断探索，总结提升，建立体系。一些地勘队伍已经建立了《绿色勘查钻探施工机场管理办法》《绿色勘查钻探施工现场质量管理体系》等系列制度。下一步，将制定完善《绿色勘查技术标准》《绿色勘查预算定额》等绿色勘查标准，建立勘查设计、施工、管理、验收等一套科学完善的绿色勘查企业管理体系。

二、建立绿色勘查示范工程

实施绿色勘查探索示范，是一个系统工程，必须多措并举，统筹推进。有些地勘队伍建立了绿色示范项目，在勘查过程中，注重"四个结合"：

一是注重与地质勘查转型升级相结合。在实施绿色勘查中，通过优化设计方案、精准设备选型、地质工程替代、信息化管理等措施，改变了过去传统勘查中设备陈旧、生产效率低、科技含量小的状况，促进了地质勘查的转型升级和提质增效。

二是注重与生态环境保护相结合。牢固树立生态环保理念，最大程度保护生态，尽量少占耕地、林地、良田；施工前，对场地进行有机土层剥离集中堆放，对珍贵树种进行移植保护；施工过程中，尽量减少污染，对废油进行回收，对泥浆池进行防渗处理，严禁浆液、循环水等外排，废浆进行固化处理；施工完成后进行恢复。

三是注重与当地扶贫帮扶相结合。工程施工前及时与当地政府、老百姓沟通商量，结合设备搬迁所修道路，帮助贫困山区村民修建便道；结合土地类型复垦，种植经济作物或经济林，增加百姓收入；利用钻探输水管线为老百姓接通生活用水；积极开展公益活动，保障勘查区和谐稳定。

四是注重与标准化机台建设相结合。在绿色勘查过程中推行机台建设标准化，对作业区实施临边、临空围栏防护，泥浆池、沉淀池、循环槽、废浆池进行防渗处理，施工现场铺设防滑钢网，机台周边开挖排水沟渠，油料摆放远离火源，生活垃圾及废弃物集中摆放，分设标准化员工休息区，建立安全、文明的标准化机台。

总之，生态环境没有替代品，用之不觉，失之难存。面对新形势、新需求，我们牢固树立五大发展理念，坚持生态保护优先，摈弃传统地质工作思维模式，实施创新驱动，改进勘查方式，真正使绿色勘查理念落地，提高勘查水平，实现找矿新突破。以绿色勘查推动精准扶贫，实现保护生态、保障矿产资源和地方经济发展双赢。

第三节　以钻代槽方法研究

浅覆盖区矿产勘查技术方法是国内外广泛关注的热点。浅钻勘查技术主要用于浅覆盖区揭露和取样。依据不同的勘查目标，可分为浅钻填图、浅钻化探、浅钻原岩地球化学、浅钻物化探异常查证以及浅钻替代槽井探等。本次工作主要利用浅钻技术进行填图实验。将浅钻化探、浅钻原岩地球化学、浅钻物化探异常查证作为工作异常查证的辅助验证手段。

喻劲松提出中国浅覆盖区应用机动浅钻的地球化学勘查技术方法，制定了浅钻地球化学测量技术规程（表12-1）。总结出我国内蒙古东部干旱半干旱草原景观、新疆干旱荒漠戈壁景观、东北森林沼泽景观和长江中下游湿润半湿润景观等不同景观条件下不同覆盖类型的浅覆盖区开展的浅钻地球化学勘查技术方法实验研究成果。不同景观条件的浅覆盖区采用不同类型的机动浅钻开展不同勘查阶段的浅钻化探方法技术试验研究，利用浅钻区域地球化学调查、普查、详查、异常查证、浅钻追踪定位矿化体、浅覆盖区资源潜力地球化学定量预测评价及地质地球化学立体填图等一系列的浅钻地球化学测量技术方法的应用研究，取得了显著系列成果。

以浅钻在一定程度上代替槽（井）探，达到保护环境、降低成本、有的放矢的经济型勘探，是目前国际较为流行的趋势。通过在已知探槽应用浅钻进行化探取样的试验研究，达到了准确定位刻槽取样部位、主成矿元素最高含量与刻槽样高值点相对应的目的。从资源勘探角度看，最终确定矿体大小、规模及储量的方法还是通过钻探，那么应用浅钻进行先期先验式的勘探以确定深部是否存在矿体，在理论上是可行的，实际应用效果也是很突出的。

表 12-1　浅钻地球化学勘查技术要点（喻劲松，2013）

适用勘查比例尺	采样方法	采样密度	采样部位	采样介质
可用于 1 ：25 万、1 ：5 万、1 ：1 万及更大比例尺的不同勘查阶段的浅钻地球化学测量	样孔均匀分布，连续取样，防止泥浆、油污等沾污样品	1 ：25 万浅钻区域地球化学调查 1～2 孔 /4km² 1 ：25 万浅钻地球化学普查 1～4 孔 /km²；1 ：5 万浅钻地球化学异常查证 4～8 孔 /km²；1 ：1 万浅钻地球化学详查 50～100 孔 /km²	矿产勘查采集残积层；地球化学研究可分层采集不同覆盖结构层、残积层、基岩等完整风化地壳样品	基岩或风化基岩之上，岩（矿）石风化作用的残留疏松物，多为碎石、岩屑
工作区工作部署	野外定点	野外记录	野外样品加工	野外工作质量检查
1 ：25 万、1 ：5 万测量按规格化网格均匀布孔；1 ：1 万测量按测线合理布孔。工作区局域地段基岩裸露、半裸露，或覆盖 < 2m，辅以常规土壤地球化学测量	同土壤地球化学测量方法。应兼顾现场地形地貌、浅钻移动操作等，合理选择最佳定孔位置	钻进深度（进尺）、各覆盖结构层厚度、样品采取率、样品描述（性质、颜色）、素描钻孔柱状图及钻进描述（钻机具、钻进工艺、钻进过程）等主要内容	分层连续取样，筛分、缩分组合样品。湿黏样品应进行干燥处理，加工方法同土壤地球化学测量方法。样品重量 ≥300g	执行野外三级质量检查制度。主要检查：采样孔的合理性、代表性、采样介质的准确性、样品采取率、钻孔合格达标率、钻机台时效率等

一、施工效果

选用北京探矿工程研究所研制的 TGQ-50 型、TGQ-15 型浅层取样钻机，于 2015 年 8 月、2016 年 8 月 20 日至 9 月 20 日，在大兴安岭松岭区项目工区进行了工程查证应用试验。累计完成钻孔 196 个，钻探工作量 1941.5m，实验孔 6 处。试验表明，该型钻机基本可以满足野外地质填图工作要求，但钻机和钻具等还需要加以改进。

形成基本结论如下：

（1）TGQ 型系列钻机经实际应用和不断改进完善，其结构合理，性能良好，工艺适应能力和实用性较强，是一种适合浅覆盖地区地质填图的机型。

（2）浅覆盖区地质填图取样钻机的选型要遵循以下总体原则：尽量轻量化、小型化，可以单人或两人操作；钻机拆卸、组装简单方便；具有可采用多种钻进方法施工的能力，针对不同的地质情况可以采用适宜的钻进方法；采用汽油机驱动或其他轻便的驱动方式。针对不同的地质特点可能会有不同的要求。对于覆盖层相对较浅、穿越条件较差的森林沼泽浅覆盖区，钻机要非常轻便，钻深以满足需要即可；对于覆盖层较厚、水源缺乏、交通条件相对较好的草原浅覆盖区，钻机要能实现多种钻进方法（最好可以不使用水），相对较为轻便，可以采用车载钻机。

（3）森林沼泽浅覆盖区基岩上部主要是残坡积层，钻探取样对操作人员要求较高，对钻进过程中出现的问题应仔细分析，宜采用清水正循环清孔，尽量一钻成孔。

（4）浅钻与浅井、槽探等工程手段相比，具有效率高、成本低、对环境和植被破坏小等突出优势。应大力提倡取样钻探部分代替浅井和槽探工程。同时，由于浅井、槽探可取得的地质信息相对丰富，以及取样钻探在强风化坍塌地层中钻进较为困难、效率降低等原因，取样钻不可能也不必完全取代浅井、槽探。在无水源、地层坍塌严重情况下，二者成本差别不明显。

二、施工成本

主要费用为人工成本和设备耗材及折旧成本。其中，人员费用一般为每个机组4人，后勤人员、地质人员按具体情况配备；燃料费用按照120～200元/天，以具体施工情况为准；机器折旧及耗材费用基本为15元/米；样品采集、储藏、运输费用依据实际折算。

森林沼泽浅覆盖区可以开展浅钻填图、浅钻化探、浅钻原岩地球化学、浅钻物化探异常查证以及浅钻替代槽井探等工作。浅钻在地质体揭露、原岩和土壤地球化学取样、异常查证方面有直观突出的优点，但还须考虑工作区道路交通、水源条件、技术水平等方面的条件。综合来讲，以钻代槽能够解决地质调查工作中工程验证手段不足的问题，是值得重点考虑的绿色勘查手段。

三、改进建议

（1）减小钻进过程中汽油机的震动、增加钻机的底架强度与刚度、增大冲洗液循环系统的通孔直径、加大钻杆直径，同时如果允许应该优化配套水泵，提升动力传动系统。

（2）钻机要轻量化、小型化、模块化，甚至可以单人或两人操作。

（3）钻机改进要具备采用多种钻进方法施工的能力，可以针对不同的地质情况选用适宜的钻进方法。

（4）浅钻是一个完整和系统的钻探工程技术。其设备、工艺的技术含量很高，钻进复杂地层的难度也很大，不是一些人想的那么轻而易举，也不是随便什么人都能胜任的。因此，各项施工准备、设备选择与工艺配套、人员配置与技术培训都非常重要。只有高度重视、充分准备，才能保证优质、高效，施工顺利。

（5）钻机的改进应该吸取市场上更多钻探公司的先进经验，浅钻的施工应该是地质目的与钻探工艺的紧密结合。在项目开展的同期，黑龙江省地质矿产局已经着手了森林沼泽浅覆盖区小角度钻探工艺流程的全面实验实践。客观讲，在很多方面值得本项目学习，其设备和工艺值得参考。

钻探方法在森林沼泽浅覆盖区主要应用于实测剖面及异常查证工作的实施过程中，且其主要目的为查明覆盖层的厚度、垂向物质组成以及下伏基岩的岩性组合，基于经济性考虑，一般实测剖面中钻孔选择覆盖层较浅的山脊或山鞍，一般钻进深度为 5 ～ 10m，在有基岩出露的地段则不需进行钻孔揭露，河谷第四系钻孔钻进深度一般大于 10m，在存在重要接触关系及地质现象的地段须配合少量槽探揭露，以求能更加详细地揭示地质体之间的相互关系，每个钻孔在钻进过程中，应详细编录其腐殖土、残坡积层以及基岩岩心的地质特征，并采取相应的分析样品。

结　　语

　　本指南总结了森林沼泽浅覆盖区 1∶50000 区域地质调查填图过程中采用的技术方法组合及技术流程，并探讨了森林沼泽浅覆盖区 1∶50000 区调填图项目的报告及各类图件的编写、编制及表达内容和方式。在森林沼泽浅覆盖区 1∶50000 填图过程中实行以地质验证为基础的物化遥多元数据反演的方法，提高了地质成果图件的信息丰富程度和可信度，辅以能量色散 X 射线荧光快速分析和浅钻揭露，可明显提高野外工作效率，减少生态扰动，是一套实用性较强的技术方法组合。

　　（1）路线、剖面等地表地质调查方法是查明覆盖层特征、搜集关键地质信息、验证反演解译成果的基础手段。

　　（2）采取航磁、土壤、遥感多元信息识别方法进行填图单元划分。在综合分析磁性单元、地球化学单元和遥感影像单元的基础上，通过地质验证建立数据单元与填图单元之间的关联性，从而赋予地质体地球物理、地球化学及遥感影响等多元数据属性，可显著提高填图精度，减少工作量。

　　（3）矿产勘查工作中应用能量色散 X 射线荧光分析和浅钻揭露可大大提升野外工作效率，减少生态扰动，契合了绿色勘查及快速勘查的理念。

主要参考文献

敖雪，赵春雨，崔妍，等．2021.中国东北地区气温变化的模拟评估与未来情景预估．气象与环境学报，37（1）：33-42.

常丽华，陈曼云，金巍，等．2006.透明矿物薄片鉴定手册．北京：地质出版社．

常丽华，曹林，高福红．2009.火成岩鉴定手册．北京：地质出版社．

陈莉，方丽娟，李帅．2010.东北地区近50年农作物生长季干旱趋势研究．灾害学，25（4）：5-10.

陈曼云，金巍，郑常青．2009.变质岩鉴定手册．北京：地质出版社．

程三友．2006.中国东北地区区域构造特征与中、新生代盆地演化．北京：中国地质大学（北京）．

程裕淇．1987.有关混合岩和混合岩化作用的一些问题——对半个世纪以来某些基本认识的回顾．中国地质科学院院报，（2）：5-19.

迟清华，鄢明才．2007.应用地球化学元素丰度数据手册．北京：地质出版社．

从柏林．1979.岩浆活动与火成岩组合．北京：地质出版社．

邓晋福，肖庆辉，苏尚国，等．2007.火成岩组合与构造环境：讨论．高校地质学报，13（3）：392-402.

鄂勇，伞成立．2006.能源与环境效应．北京：化学工业出版社．

房立民，杨振声，李勤，等．1991.变质岩区1：5万区域填图方法指南．武汉：中国地质大学出版社．

冯志强．2015.大兴安岭北段古生代构造-岩浆演化．长春：吉林大学．

傅树超，卢清地．2010.陆相火山岩区填图方法研究新进展——"火山构造-岩性岩相-火山地层"填图方法．地质通报，29（11）：1640-1648.

高秉璋，洪大卫，郑基俭，等．1991.花岗岩类区1：5万区域地质填图方法指南．武汉：中国地质大学出版社．

葛文春，林强，孙德有，等．1999.大安岭中生代玄武岩的地球化学特征：壳幔相互作用的证据．岩石学报，15（3）：396-407.

葛文春，林强，孙德有，等．2000.大兴安岭中生代两类流纹岩成因的地球化学研究．地球科学化学，25（2）：172-178.

葛文春，吴福元，周长勇，等．2005.大兴安岭北部塔河花岗岩体的时代及对额尔古纳地块构造归属的制约．科学通报，50（12）：1239-1247.

龚德平，龚文柳．2020.东北地区气候变化对玉米生产的影响与对策．农学学报，（7）：35-38.

郭东信，王绍令，鲁国威，等．1981.东北大小兴安岭多年冻土分区．冰川冻土，（3）：1-9.

郭鸿俊，谢宇平．1958.关于东北的地貌分区．第四纪研究，1（2）：100-106.

韩振新，徐衍强，郑庆道，等．2004.黑龙江省重要金属和非金属矿产的成矿系列及其演化．哈尔滨：黑龙江人民出版社．

何瑞霞，金会军，常晓丽，等．2009.东北北部多年冻土的退化现状及原因分析．冰川冻土，31（5）：829-834.

黑龙江地矿局．1993.黑龙江省区域地质志．北京：地质出版社．

黑龙江省区域地质调查所.2015a.黑龙江1:5万狮子桥林场等四幅区域地质矿产调查报告.

黑龙江省区域地质调查所.2015b.黑龙江1:5万新第二林场、翠峦、跃进林场、昆仑气、翠岭镇幅区域地质矿产调查报告.

黑龙江省区域地质调查所.2015c.内蒙古1:5万特可贲尔等四幅区域地质矿产调查报告.

黑龙江省区域地质调查所.2017.黑龙江1:5万望峰公社、太阳沟、壮志公社、二零一工队幅浅覆盖区填图试点报告.

黑龙江省区域地质调查所.2018.黑龙江省区域地质志(送审稿).内部资料.

胡健民,陈虹,邱士东,等.2020.覆盖区区域地质调查(1:50000)思路、原则与方法.地球科学,45(12):4291-4312.

姜晓艳,刘树华,马明敏,等.2009.东北地区近百年降水时间序列变化规律的小波分析.地理研究,28(2):354-362.

黎彤,袁怀雨.2011.岩石圈和大陆岩石圈的元素丰度.地球化学,40(1):1-5.

李昌年.1996.火成岩微量元素岩石学.武汉:中国地质大学出版社.

李春昱.1980.中国板块构造的轮廓.中国地质科学院院报,2(1):11-22.

李春昱,汤耀庆.1983.亚洲古板块划分以及有关问题.地质学报,1:1-10.

李晓文,方精云,朴世龙.2003.近10年来长江下游土地利用变化及其生态环境效应.地理学报,58(5):659-667.

李之彤,赵春荆.1992.小兴安岭–张广才岭花岗岩带的形成和演化//李之彤.中国北方花岗岩及其成矿作用论文集.北京:地质出版社:66-75.

林强,葛文春,孙德有,等.1998.中国东北地区中生代火山岩的大地构造意义.地质科学,33(2):129-139.

刘吉平,杜保佳,盛连喜,等.2017.三江平原沼泽湿地格局变化及影响因素分析.水科学进展,28(1):22-31.

刘建峰,迟效国,董春艳,等.2008.小兴安岭东部早古生代花岗岩的发现及其构造意义.地质通报,27(4):534-544.

刘巍,吕亚泉.2006.中国黑土地退化成因及生态修复学研究.东北水利水电,24(1):59-61.

刘文新,张平宇,马延吉.2007.东北地区生态环境态势及其可持续发展对策.生态环境,16(2):709-713.

刘兴土.2005.东北湿地.北京:科学出版社.

柳劲松.2003.环境生态学基础.北京:化学工业出版社.

罗宏宇,黄方,张养贞.2003.辽河三角洲沼泽湿地时空变化及其生态效应.东北师大学报(自然科学),35(2):100-105.

吕宪国,黄锡畴.1998.我国湿地研究进展.地理科学,18(4):293-300.

孟凡超,刘嘉麒,崔岩,等.2014.中国东北地区中生代构造体制的转变:来自火山岩时空分布与岩石组合的制约.岩石学报,30(12):3569-3586.

内蒙古自治区地矿局.1991.内蒙古自治区区域地质志.北京:地质出版社.

邱家骧.1985.岩浆岩岩石学.北京:地质出版社.

邱家骧 . 1991. 火山岩的研究方法 . 武汉：中国地质大学出版社 .

裴善文 . 2008. 中国东北地貌第四纪研究与应用 . 长春：吉林科学技术出版社 .

曲关生 . 1997. 黑龙江省岩石地层 . 武汉：中国地质大学出版社 .

任留东，王彦斌，杨崇辉，等 . 2010. 麻山杂岩的变质 – 混合岩化作用和花岗质岩浆活动 . 岩石学报，（7）：
　　63-72.

邵济安，张履桥，牟保磊 . 2007. 大兴安岭的隆起与地球动力学背景 . 北京：地质出版社 .

佘宏全，李进文，向安平，等 . 2012. 大兴安岭中北段原岩锆石 U-Pb 测年及其与区域构造演化关系 . 岩石
　　学报，28（2）：571-594.

宋亚琴，沙环宇，高山，等 . 1998. 大兴安岭北段中生代中基性火山岩岩石学特征 . 中国区域地质，（增刊）：
　　134-138.

孙德有，吴福元，林强，等 . 2001. 张广才岭燕山早期白石山岩体成因与壳幔相互作用 . 岩石学报，（2）：
　　227-235.

孙凤华，袁健，路爽 . 2006. 东北地区近百年气候变化及突变检测 . 气候与环境研究，11（1）：101-108.

孙广兴 . 2019. 东北地区生态环境态势及其可持续发展对策 . 科技经济导刊，27（22）：104.

孙力，安刚，丁立 . 2002. 中国东北地区夏季旱涝的分析研究 . 地理科学，22（3）：311.

孙立新，任邦方，赵凤清，等 . 2013. 内蒙古额尔古纳地块古元古代末期的岩浆记录——来自花岗片麻岩
　　的锆石 U-Pb 年龄证据 . 地质通报，32（Z1）：341-352.

陶奎元 . 1994. 火山岩相构造学 . 南京：江苏科学技术出版社 .

王成文，孙跃武，李宁，等 . 2009a. 东北地区晚古生代地层分布规律 . 地层学杂志，33（1）：56-61.

王成文，孙跃武，李宁，等 . 2009b. 中国东北及邻区晚古生代地层分布规律的大地构造意义 . 中国科学：
　　地球科学，39（10）：1429-1437.

王延吉，神祥金，吕宪国 . 2020. 1980 ～ 2015 年东北沼泽湿地景观格局及气候变化特征 . 地球与环境，
　　48（3）：348-357.

吴福元，葛文春，孙德有，等 . 2003. 中国东部岩石圈减薄研究中的几个问题 . 地学前缘，10（3）：52-61.

吴伟祥 . 2011. 生物质炭环境行为与环境效应 . 国际学术动态，（3）：9-11.

吴正方，靳英华，刘吉平，等 . 2003. 东北地区植被分布全球气候变化区域响应 . 地理科学，31（5）：
　　564-570.

武广，孙丰月，赵财胜，等 . 2005. 额尔古纳地块北缘早古生代后碰撞花岗岩的发现及其地质意义 . 科学
　　通报，50（20）：2278-2288.

肖庆辉，邓晋福，马大铨，等 . 2002. 花岗岩研究思维与方法 . 北京：地质出版社 .

谢安，孙永罡，白人海 . 2003. 中国东北近 50 年干旱发展及对全球气候变暖的响应 . 地理学报，58（S1）：
　　75-82.

谢家莹，陶奎元 . 1996. 中国东南大陆中生代火山地质及火山 – 侵入杂岩 . 北京：地质出版社 .

谢鸣谦 . 2000. 拼贴板块及其驱动机理——中国东北及邻区的大地构造演化 . 北京：科学出版社 .

许文良，孙德有，尹秀英 . 1999. 大兴安岭海西期造山带的演化：来自花岗质岩石的证据 . 长春科技大
　　学学报，（4）：319-323.

许文良，王枫，孟恩，等 . 2012. 黑龙江省东部古生代—早中生代的构造演化：火成岩组合与碎屑锆石

U-Pb 年代学证据 . 吉林大学学报（地球科学版），42（5）：1378-1389.

杨振升 .2008. 高级变质区地质调查与综合研究方法 . 北京：地质出版社 .

殷长建，彭玉鲸，靳克 .2000. 中国东北东部中生代火山活动与泛太平洋板块 . 中国区域地质，（3）：303-311.

于兴修，杨桂山，王瑶，等 .2004. 土地利用 / 覆被变化的环境效应研究进展与动向 . 地理科学，24（5）：627-633.

喻劲松 .2013. 浅钻地球化学勘查技术方法及应用研究 . 地质学报，87（z1）：236-237.

岳书平，张树文，闫业超，等 .2008. 吉林西部沼泽湿地景观变化及其驱动机制分析 . 中国环境科学，28（2）：163-167.

张甘霖，朱永官，傅伯杰 .2003. 城市土壤质量演变及其生态环境效应 . 生态学报，23（3）：539-546.

张广宇 .2016. 东北地区地质矿产调查现状及需求分析 . 中国矿业，25（z1）：223-226.

张吉衡 .2013. 大兴安岭中生代火山岩年代学及地球化学研究 . 武汉：中国地质大学（武汉）.

张旗 .2001. 中国东部燕山期埃达克岩的特征及其构造 – 成矿意义 . 岩石学报，17（2）：236-244.

张兴洲，杨宝俊，吴福元，等 .2006. 中国兴蒙 – 吉黑地区岩石圈结构基本特征 . 中国地质，33（4）：816-823.

赵春荆，何国琦，段瑞焱 .1995. 俄远东、中国东北的构造特点及岩石圈深部的不均一性 . 辽宁地质，（4）：241-256.

赵秀兰 .2010. 近 50 年中国东北地区气候变化对农业的影响 . 东北农业大学学报，41（9）：144-149.

赵振华 .2016. 微量元素地球化学原理 . 北京：科学出版社 .

赵芝 .2011. 大兴安岭北部晚古生代岩浆作用及其构造意义 . 长春：吉林大学 .

中国地质调查局 .2019. 区域地质调查技术要求（1 ∶ 50000）.

中国地质调查局 .2021. 覆盖区区域地质调查技术要求（1 ∶ 50000）.

中国科学院地理研究所 .1959. 中国综合自然区划（初稿）. 北京：科学出版社 .

周长勇，吴福元，葛文春，等 .2005. 大兴安岭北部塔河堆晶辉长岩体的形成时代、地球化学特征及其成因 . 岩石学报，21（3）：763-775.

周廷儒，施雅风，陈述彭 .1956. 中国地形区划草案 . 北京：科学出版社 .

Gao S, Rudnick R L, Carlson R W, et al., 2002. Re-Os evidence for replacement of ancient mantle lithosphere beneath the North China Craton. Earth and Planetary Science Letters, 198: 307-322.

Rittmann A. 1973. Stable mineral assemblages of igneous rocks, basic principles of the calculation. Tectonophysics, 27（3）: 295-297.

Wang F, Zhou X H, Zhang L C, et al. 2006. Late Mesozoic volcanism in the Great Xing'an Range （NE China）: timing and implications for the dynamic setting of NE Asia. Earth and Planetary Science Letters, 251（1-2）: 179-198.

Wilde S A, Wu F Y, Zhao G C. 2010. The Khanka Block, NE China, and its significance for the evolution of the Central Asian Orogenic Belt and continental accretion. Geological Society, 338: 117-137.

Wilde S A, Zhang X Z, Wu F Y. 2000. Extension of a newly-identified 500 Ma metamorphic terrain in northeast China: further U-Pb SHRIMP dating of the Mashan complex, Heilongjiang Province, China. Tectonophysics,

328: 115-130.

Xu W L, Pei F P, Feng W, et al. 2013. Spatial-temporal relationships of Mesozoic volcanic rocks in NE China: constraints on tectonic overprinting and transformations between multiple tectonic regimes. Journal of Asian Earth Sciences, 74: 167-193.

Zhang J H, Shan G, Ge W C, et al. 2010. Geochronology of the Mesozoic volcanic rocks in the Great Xing'an Range, northeastern China: implications for subduction-induced delamination. Chemical Geology, 276（3-4）:144-165.

Zhou X W, Zhao G C, Wei C J, et al. 2008. EPMA, U-Th-Pb monazite and SHRIMP U-Pb zircon geochronology of high-pressure pelitic granulites in the Jiaobei massif of the North China Craton. American Journal of Science, 308: 328-350.